痕量 著

最怕你不甘平庸还不愿行动

台海出版社

图书在版编目（CIP）数据

最怕你不甘平庸　还不愿行动／痕量著.—北京：
台海出版社，2019.5

ISBN 978 - 7 - 5168 - 2271 - 5

Ⅰ.①最… Ⅱ.①痕… Ⅲ.①成功心理 - 通俗读物
Ⅳ.①B848.4 - 49

中国版本图书馆 CIP 数据核字（2019）第 041601 号

最怕你不甘平庸　还不愿行动

著　　者：痕　量

责任编辑：武　波　曹任云　　　　装帧设计：天下书装
版式设计：天下书装　　　　　　　责任印制：蔡　旭

出版发行：台海出版社

地　　址：北京市东城区景山东街20号　邮政编码：100009

电　　话：010 - 64041652（发行，邮购）

传　　真：010 - 84045799（总编室）

网　　址：www. taimeng. org. cn/thcbs/default. htm

E - mail：thcbs@ 126. com

经　　销：全国各地新华书店

印　　刷：三河市人民印务有限公司

本书如有破损、缺页、装订错误，请与本社联系调换

开　　本：880mm×1230mm　　1/32

字　　数：140 千字　　　　　　印　　张：7

版　　次：2019 年 5 月第 1 版　　印　　次：2019 年 5 月第 1 次印刷

书　　号：ISBN 978 - 7 - 5168 - 2271 - 5

定　　价：36.00 元

目录 Contents

第五章 你只有非常努力，才能看起来毫不费力

第六章 世界上最遥远的距离是从想到到做到

第七章　穿过荆棘和黑暗，我想和你一起，
看一看明天的光亮

第一章

最怕你不努力，还觉得理所当然

这个世界上的努力，都是有惯性的

　　你可以害怕，但不要因为害怕而停止脚步。希望这篇文章，可以给迷茫的你，一点点动力。

01

　　上大学的时候，有一阵子，我特别想休学。当时跟着一个老师做实验，课题做到一半，做不下去，感觉每条路都有人走过，而自己什么新的想法都没有。我和老师去讨论，老师甩给我十几篇论文，让我自己去读。读论文的体验就是：每个字都认识，但拼在一起真的看不懂。有一天晚上我在读论文，死啃其中的一个段落，怎么都看不懂。然后就盯着厚厚的一摞 A4 纸发呆，心里特别压抑，特别难受。大概那阵子其他课程的学习压力也大，发现自己好像没有做科研的天赋，不知道怎么居然下定决心要休学。我一个人把休学的材料都准备好了，就差交给辅导员了。

我一个很熟的叔叔不知从哪里得到的小道消息，知道我想休学，就给我打电话，他问我："如果休学了，你想做什么？"我说："我不知道，反正是不想读了。"

然后，他就给我讲了这个让我受益至今的道理——就算害怕，你也别停下来。因为一旦停下来，你就会有无数堕落的借口。

无论你做什么，你所收获的经历，所结交的朋友，在以后的某个时候，都有可能帮助你。你觉得累了，可以走得慢一些；你觉得这条路不好走，可以换条路走，这都没关系。但绝对不能习惯了一遇见事情，就停下不走了。在大学的时候，我们有很多时间去试错，去发掘什么是我们真正想要的，永远不要畏畏缩缩。

02

我现在回想起来，倘若那时候我真的休学了，我又会做什么呢？无非是在家打打游戏，刷刷电影，过一种百无聊赖的生活。如果我习惯了这种节奏的生活，想要再变回那个奋斗的状态，就太难了。

不要停下脚步，不是说不能停下来喘口气，而是说，你不能直接横七竖八地躺在地上，耍赖，不走了。有时候，我们确实会产生很多的顾虑。可能是因为前途的未知，可能是因为挫败感带来的疼痛，也可能是对现有状况的不满。但是，就算有这些顾虑，你也千万不能停下来。你可以做一些相对来说简单的事情，比如：如果你想毕业就参加工作，但你又担心自己的技能不够，从一些简单的入手，Excel 和 PPT 就够你学一个月了；如果你在纠结要不要换一个行业，可以参加那个行业的从业资格考试，同时也是测试一下自己是否适合这个行业的过程。

我认识的一个同学，她想转专业——因为她逐渐发现她的兴趣是古典文学，而不是生物。她决定转专业的时候，已经是大一下学期了。想要转专业，不仅要保证本专业的课程优秀，还要去补充学习另外那个专业的课程——虽然很难，但她还是想拼尽全力一试。那一阵子，她成天泡在图书馆，唯一出来溜达的时间，就是吃完午饭和晚饭后，从食堂到图书馆的十分钟路程。她找到了很多古典文学的师兄师姐，去向他们讨教经验，去咨询学习方法。

并不像很多励志故事那样，努力了然后就成功了——事实上，她最后也没有通过转专业的考试。我还记得那天她大哭了一场。她说她真的很喜欢古典文学，而且她都这么努力了，为什么还是没有通过。其实很多人都这样想：你看，就算像她这样一直用尽全力奔跑，也不一定能跑多远，不是吗？还不如从现在开始歇着舒服。

03

但幸运的是，这个故事并没有完结。

她在这个过程中，认识了很多古典文学专业的师兄师姐和老师，她继续跟着他们一起上课，利用暑假的时间去做课题。后来她保研的时候，成功地跨专业保去了古典文学系。

努力是有惯性的。当你习惯了拼尽全力去生活的时候，你会爱上这种生活方式，你会变得更加优秀。

如果你有长跑的经历，一定会有这种体会：当你一直坚持跑步，你会发现，一旦不跑了，反而感觉不舒服；如果你真的停了很久不再跑步，你又很难重新拥有激情再跑起来。生活也是这个道理。未来，总会有各种各样的人给你指点，路人甲可能告诉你这条路最好走，路人乙可能告诉你那条路最适合你。

听很多的道理没有问题，但就怕你听到这些道理之后，就开始困惑，就开始踌躇不前，就开始担惊受怕。就像那个热爱古典文学的同学，如果她一开始就踌躇不前，那么她自然不会在大学四年都保持着这份动力，也永远不会有机会，在研究生的时候去她想读的专业。

其实很多事情，都没有你预想中的那么糟糕。有可能在某一个瞬间，你会感觉所有的事情都像一团乱麻，紧紧地缠住你，让你脱不了身，但是如果你咬紧牙关继续往前走，慢慢地，所有的一切都会理顺，你会有不一样的收获。

只要你还没有忘记继续前行，一切就都不算晚。

明天起，给自己树立一个人设

　　成功的人设（人物设定）是不着痕迹的，失败的人设才会在崩坏的时候被人指摘。

01

　　不知不觉，人物设定这个词从小说文案里脱胎了，先是占据了饭圈（粉丝圈子的简称）和追星界，然后扫荡一圈，成了一个家喻户晓的词汇。但是我真正地了解人设，却是和人设崩塌连在一起出现的。

　　《伪装者》和《琅琊榜》播出的时候，正是我最轻松的时候——定好了毕业去向，又没有任何课业负担。每天都非常充实地做着自己喜欢的事情，然后认识了某位娱乐圈"老干部"。现在想来当初媒体大肆宣扬"老干部"时，并没有提"人设"二字。而在后来"老干部"的微博滥用繁体字，声称诺贝尔有数学奖之后，大家纷纷说"老干部"人设崩塌了。如果"老干部"本人可以克己言论，用对所有繁体字，多读书，而不是杜撰名人名言，可能人设就变成真的了。更不要说，骨瘦如柴的女明星贴着吃货人设，却只把蛋糕往嘴唇上沾一下，以及身高都没有一米六的娇小人儿，每次发微博必自称老公。这两个女明星我都很喜欢，但是强拗的人设真的很容易崩塌。

02

其实我们真的有必要，去树立自己的人设。有人设是绝对的，模糊人设是相对的。但是很多人不苟同：他觉得自己的性格应该像"液体的猫"一样，倒进什么容器，就是什么形状，是不被拘束的。但是，你不觉得这样其实已经给自己扣了一个猫系/液体/自由不羁的人设了吗？所以每个人都有人设这件事真的不用认死理地去计较，这并不是什么难以启齿的事。

最好把自己给自己设定的人设变成一个私密的事情。比如，新学期在新的班级里，想变成一个勤奋又努力的人，不妨给自己设定一个求知学霸人设：上课坐前排，不懂就提问，认真讨论作业，老师讲课时一下手机都不看。比如，上一段感情中自己总是太作，所以两个人最终没有走到最后。不妨等下一次遇到心仪的人，在即将进入一段感情时，尝试给自己设定一个理性知性的人设，主动为对方多考虑一下。比如，我最近刚刚加的一个微信好友，在名字后面加了几个字"一个超能抗压的人"。我觉得这样的名字没什么不好的，可以说是强力又有效的自我暗示了。

我经历过一个当老好人的阶段，不论社团还是办公室的老师给出什么样的工作或是请求，我总是想着不如抽时间帮忙做一下。后来实在不堪其扰，但是那时我也没有直接拒绝，而是尝试和对方讨论事情的合理性。那时候的人设可能是：一个讲道理和合理性的严谨 boy。

但是，后来要我帮忙的话就必须满足几个条件：这件事非我做不可，或者做这件事对我自己有好处，或者是关系极好的朋友有求于我，不然就另请高明。现在面对四面八方的帮忙请求，我仍然是这个态度。

03

给自己树立什么人设，难道不是自己心里最有数吗？

我的好友小英,她晚我几年上大学,开学前找我要一些建议,尤其是关于人际交往方面的。我结合她的外形(一米七以上的身高)和性格(比较外向),给了她几个选择。

和大家打成一片的邻家姐姐形象。

话不多但是言辞犀利的御姐形象。

十万个冷笑话高大萌的哪吒形象。

如果你是她,你会选择哪一个人设?

如果你真的选一个人设,说明你对人设的理解还是不够。人设不是选的,而是像换衣服一样,选择性地展示在别人面前的。事实上,她也没有做非此即彼的选择,而是希望自己在大学里,在平时的生活中,可以成为一个"有气质"的人,拥有类似于台湾女星郭碧婷这样的形象。于是她做了个黑长直的头发,学一些基本的化妆技巧,买一些比较仙气的裙子,在十七八岁的年纪,她经历了从"郭晓婷"到"郭碧婷"的蜕变。这一年,她不仅外表发生了翻天覆地的变化,能力和修养也大大提升了,在大学里她接了很多主持工作,而且是串场、谈话一气呵成的那种非花瓶主持。在主持和演出的时候,观众在接受她展示的另一个自己。不知不觉,小英就把两个人设结合起来了。一个是长发飘飘、仙气十足的小仙女,另一份是言辞幽默、把控全场的御姐。

而你很难说，是她先找好了人设往里套，还是她本身就是这样一个人，用实力展示了一个我们熟悉的人设套路。

04

人不可能完美，因此给自己设定人设的时候当然需要有取舍。对于普通人来说，完全没有必要给自己加类似"深情"的标签，毕竟这样会显得你给自己加戏太多，你没谈过几段为人关注的恋情，怎么就敢标榜深情或者苦情了？

另外，这种人设可以说是一点用处都没有。更简单的例子是，有人想兼具吃货或者美食家人设和瘦身达人人设，这样多少有些矛盾。

同时，明智的人不会轻易用星座去卡人设。一是范围太广泛，有十二分之一的概率撞车；另一点是星座人设固化，很难根据自己的情况给别人展示你的优势与特长。其实人设更像是持久版的第一印象，很重要，但不是全部。每个人都是复杂的综合体，平时嘻嘻哈哈的人也有黯然神伤的时候；每天都在锻炼减脂的人，也会有大吃大喝的一天；再高冷的人，都有几个能让他变成神经病的密友。所以，给自己来个小小的人设，在一个小小的范围内实现它吧。

理想不切实际是种病，得治

> 我敬佩每一位有远大理想的朋友，不过我希望
> 你们不只是想想、说说而已，而是拼尽全力去做，
> 我想我更佩服这样的你。

01

我认识一群阿姨，她们大多是我父母的朋友，乃至家族里面的亲戚。她们热衷于和我这种"别人家的孩子"交流，我边听边点头，聊到开心的时候还总要拉着我去家里吃饭，至少要坐坐。我自认不是阿姨杀手，也不认为自己说话有多风趣幽默，只是很多人都觉得读到博士一定很厉害，总是想向我取点经。

这类妈妈，拥有的最大共同点是：有一个正在读中

学的孩子。她们的问题很多，从择校、选文理科到选哪个大学专业。等到大学录取结果出来了，这些阿姨们居然开始叮嘱孩子："上了大学一定要加油，本科学校一般不要怕，我们考研考到一个好学校去！"你们知道吗，以为考研就万事大吉，已经成为当代大学生本科前三年半不努力的最大原因了。

所以我要说，有理想和目标当然不是坏事，但要十分警惕的是，空有理想而不去奋斗，光喊口号会让你变得懈怠。警惕，不切实际的理想已经成为一种新型的病原体了。

02

可能大多数人没有经历过考研，或是没有在考研后的就业市场里磕磕碰碰过。好多准大学生，连本科学什么都不清楚，专业去向有哪些也不明白，就四处说，我要努力考研。这类人通常占了三点不好中至少一点：学校不好/专业不好/成绩不好。

学校不好，所以想考研去一个名牌大学。可是你不知道北大本科和北大研究生是两码事，看录取难度就可以看得一清二楚。参加工作时，HR更清楚。既然本科已经如此，不如努力加上一句"本科的时候成绩在专业排名前五"来的实际。

专业不好，所以想跨专业考研学法律/小语种/金融/计算机，以为这样毕业就能找到好工作，一步登天。可是你不知道你落下别人四年了。不在此时还，就在以后还。如果你和本科是本专业的研究生同学水平差不多，如果你是 HR，你更愿意选择谁？成绩不好的同学，无法获得推荐免试攻读研究生的机会或者无法毕业就找到工作，所以转而考研。这更是不成立的，为什么本科成绩不好，还敢寄希望于考研呢？

就拿《我的前半生》里的人物举例，你谈了几任男朋友，都是不争气的小人物，但是你却始终坚信自己以后会遇到全能全知的贺涵相伴一生。可是事实上大多数人都不是女主角，都没有光环，活不过一集就杀青了。考研可不只是要求笔试得分高那么简单，以为背背数学、政治、英语和专业课，就万事大吉了。且不说复试的时候，本科时社会实践的经历以及个人的表达能力、应变能力都要一并考察。在一个考研氛围不浓重的环境里，考研更被视作异类，难上加难。

大家都认可高考，说高考是决定人生命运的一战。我却想说，考研可能是你命运的转折点，也可能是你堕落的开始。所以，根据自身的实际情况决定你要走的路吧。

03

　　普通的目标和理想一样。很多人在把理想昭告天下时，就以为自己完成了一小半。他会不自觉地陷入自我满足中，懈怠、拖延甚至倒退。人人都想减肥，想要瘦出腹肌或马甲线，可以做到反手摸肚脐。突然有一天，我本科的女生同学欣然开始了健身，在朋友圈疯狂打卡。"早晨五点半起床运动、早餐是全麦面包与脱脂牛奶、午餐是水煮西兰花与鸡胸肉、晚上则是健康无糖杂粮粥……"一连打了十几天的卡。欣然的身高不高也不矮，身材不胖也不瘦，就是万千人中普普通通的一个。打卡是因为那段时间，学生创业团队炒了个"挑战马甲线"的活动，打出的口号就是"掌握不了自己的身材，凭什么掌握自己的人生"。打卡参与晨练"囚徒健身"课程，课程费用打六折。健身团队打出了"养成习惯只要 21 天"的口号，所以课程也就只设置了 21 天。21 天过去了，欣然怎么样了？没过多久就删除了所有的打卡记录，闭口不提"囚徒健身"这件事了。我知道，五点半起床健身，再回到宿舍才八点，又累又困的欣然回笼觉一觉就睡到了中午，我们同组展示的课程她都翘掉了。没有任何健身基础的她，跟不上健身课程的内容，哪怕动作变形或是偷懒，学生"教练"都不管不问，当然看不到马甲线了，而且时间只有 21 天。21 天没那么容易养成一个习惯，就像高中的我们，每天都被迫早起，也没养成早起的好习惯吧。

有目标有理想是件好事，可以和乐于监督和鼓励你的朋友提起。但是不要只把它当成一个仪式，每每宣誓后，心里就满足了许多，但肉体却迈不开步子。当你把理想当成炫耀自我上进、勤奋的标志物时，理想破灭的那一天也就不远了。

04

一个合适并且有益的理想，是基于当下的自我状况评估的。如果你每天睡到上午十一点，起床就点外卖吃午饭，下午宅在宿舍，晚上煲美剧、英剧、日剧、韩剧到凌晨两三点，你说你要干一番大事业，怕是没人信的。如果在临近作业上交，别人都在慌忙地抄袭和补救时，你却早早地完成；当别人还在睡觉时，你就悄悄地背上书包去图书馆里自习。那么即使你考不上一个好的学校的研究生，也不会是一个庸人。

下次遇到有不切实际的理想，还从不付出努力寻求改变的人，请骂醒他，或者远离他。如果那个人是你，希望你把理想揣在心里，付诸实际，从现在开始用行动把理想一点点变成现实。而不是经历一段长时间碌碌无为的潜伏期，最终选择放弃。

该努力的人，凭什么非要别人鼓励一下

　　正在努力的你，可以接受别人的激励，但那只是锦上添花，更像是鸡肋，本就该努力的人，要学会自己给自己足够的力量。

01

　　前几天，有读者问我说："痕量，你能不能写一篇关于英语学习的文章？如何一天/三天/七天/一个月突破高中/四六级/考研/雅思托福英语的。"我不能，我也不觉得有人能。

　　你以为报班学英语，就能一劳永逸吗？你难道不知道中国最优秀的高翻学院的朋友，每天都要不断地练习，维持自己的状态吗？我觉得学习英语是一件功夫花在前

面的事情，而且是你不用懂特别特别多，就可以着手去做的事情。比如我能想到的建议有：（1）掌握所有的基本英语语法。（2）根据词源、词根以及前后缀等等背单词。（3）通过常见的短语搭配和句式培养语感。

这些道理说出来都很简单。但是单词就在那里，我可以带着你背三个五个词根，我不能带着你背成百上千的词根。语法就在那里，哪怕我一字一句讲给你听，你也要自己去理解。语感就更不要说了，天赋或是练习，总有一个能培养语感，但是花十块钱听一场知乎 live 是肯定不能的。

总而言之，就算你什么道理都知道，参考书也买全了，你也要花时间去钻研啊，还要用心花时间啊。

02

你要前进，有的人能给你指明方向，有的人甚至可以带你一程。但是没有人可以占据你的灵魂、支配你的身体，所以不要等别人的鼓励了。万一鼓励迟到了，你的成功是不是要永远缺席？

学英语这事，换成学法语，可能有些人就不会钻牛角尖了。师资再好，教材再循序渐进，你不迈开步子张开嘴，就学不好一门外语。再把这件事换成高考/考研/找工作，这类人就又犯迷糊了。

雷子是我以前参加跨校实习的时候认识的一个同学，他是很闷的一个人。因为他对本专业的兴趣和他家庭对他的需求是一直矛盾的，所以一直到大三下学期开始，他才决定去考研。完全陌生的专业，完全陌生的学校，他摸黑准备着。

但是，那时候没人陪他学习甚至同他讨论，他觉得一个人走路很难。而且随着时间的流逝，他把这条路越想越难，本来按部就班说不定可以做到的事情，他却满腹踟蹰。最后他调剂了，从心仪的985调剂到某沿海省份的普通一本。同样没有人帮他作决定，他决定去读了。读了没多久，退学，找工作。工作一年多，岗位调整了两次，现在已经是组长了。

写文之前，我特意采访了一下雷子同学，并且征求了他的意见，在这里把他的考研故事分享出来。已经工作了的雷子欣然同意，他是这样说的：等我真的进入了考研的状态，才发现已经进入十二月了。调剂去了学校之后我的心情非常复杂，因为各种原因，最终也没能够坚持读下去。以前读书和考研的时候是在随大流，就是看到别人做什么自己也去做，没有强烈的欲望和斗志。

但是本能还是可以控制住自己安静地坐在自习室去学习。后来考研去了学校，觉得在那里根本得不到锻炼，太多的人是为了考上研究生，可以再安稳地玩两年而考的。于是，我决定辞职去找工作，或许我以后还会再考研，但是我觉得那时候的我是不一样的我。

现实生活中是，大部分人连雷子能做到的自律，也就是他说的本能都没有。没有人鼓励，所以选择随波逐流；没有人鞭策，所以选择得过且过。雷子现在的工作很顺利，作为朋友，我很为他开心，但是他实打实地浪费了将近一年的时间去明白一个道理：以前决定跨专业考研再工作，是给其他人一个交代，或是一种炫耀可以让别人闭嘴，或是一种安慰让亲友安心。但是现在决定工作，是对自己的交代，努力熟悉业务并抱有学习心态，成长的速度会非常快。

03

动力来自外界的一大隐患，而这种隐患可能会毫无预兆地让我们崩溃。就像发现某个明星婚内出轨，或者恋爱许久的一对明星情侣突然分手，许多人会发表"再也不相信爱情了"这样的话。明星之所以受到关注，不仅仅是赏心悦目，更是经常被常人寄托了一些光明的希望。

当你把整个未来或是人生的希望寄托在别人身上时，你会怎么样？这有一个正面的实例分享给大家。她是我的一位老同学，乖乖女的那种，家中殷实，父母也是很温和的人。我知道她当初好好学习的原因很简单：为了爸妈。为了爸妈在我想来是很恐怖的，因为在我的心目中，爸妈只是决定你未来好坏下限的人。每个人被兜底的下限都不一样。但是普通人家的父母，能为你做点什么？最多托熟人给你找份糊口的工作。但是这个姑娘却在以一种静默的方式努力着。换句话说，她把对父母的回报和感恩放在很远很远的航道旁。但是这件事她很少对父母讲，也很少对外人提。最后她考上了很理想的学校，父母对她专业的选择也没有丝毫干预。

最终说起来，她的努力也是为了自己，毕竟能给自己无数种选择的只有自己。等自己变得更强了，才可以给父母提供更好的条件去生活，去享受。

反例就太多了：有谈恋爱分手找不到人生意义结束了年轻生命的；有异地恋为了破除距离障碍盲目考研的；有被又哄又骗学医，累死累活绷不住的；还有以为考了研出了国就会被别人刮目相看的。

04

最后的最后，提供一个简单的自省思路图。

（1）我当下的目标是什么？

（2）这个目标是我的，还是我被赋予的？

（3）不论如何，这个目标是不是我真心实意要做的？

（4）自我激励，搜罗无数的方法和渠道以及成功的经验，让自己充实。

（5）试想沿着这个目标一直做下去自己会变成什么，能收获什么。

（6）奔向下一个目标。

拖延症可能就是厌倦了无意义的生活

拖延是一种逃避，是我们对疲惫生活最本能的
逃避。

01

刚进大学的那阵子，我的拖延症相当严重。做作业
之前总是忍不住先聊一小时；看书的时候不知怎么就打
开电脑玩起了游戏；想要健身，也仅限于打开网店选健
身衣，接着便没有了下文。

我很焦虑，不知道自己到底出了什么问题，于是我去
看了很多关于时间管理的文章，里面讲如何规划好自己的
生活，如何使用番茄工作法（即选择一个待完成的任务，
将番茄时间设为 25 分钟，专注工作，中途不允许做任何

与该任务无关的事，直到番茄时钟响起)，如何……但是当我下载了一堆时间管理 App，买了计划本写上满满当当的日程之后，我的拖延症并没有得到解决。

我更加焦虑了。回想起高三，那个时候我可以坚持每天刷题而不感到疲倦，不会在准备自主招生的时候浪费大量的时间做一些无关紧要的事，甚至课间的时候，也迫不及待地先把作业写完。

高三的时候，拖延症对我来讲好像根本不存在，而我现在却彻底被拖延症打败。我花了不少时间思考：到底我现在的状态和高三有什么样的区别？最后，我只想到了一个解释——高三的时候，我坚信我所做的一切都有意义。因为那个时候我深知，无数的机遇和选择，都可以在大学中得到。进我理想的大学，我可以和博学的教授畅所欲言，我可以在图书馆汲取养分，可以参加各种各样的社团。所以我不愿拖延，也不敢拖延，我想用尽全力，把一切做到我能做到的最好程度。

但真正进入大学后，我发现事情并不是我想象的那样。我的迷茫和焦虑，未来呈现在我眼前的混沌，让我懒了下来——因为早已预见到了我将要做的事情是多么无意义，所以我逃避，转而选择做那些能量消耗最低的事，刷网页，看新闻，聊天，玩游戏，诸如此类。

拖延,正是因为在潜意识中我已经察觉到,生活是没意义的,我也不愿意触碰生活的任何一个细枝末节。逃避的快感是强大的,那是一种不需要面对纷繁复杂的未来和不确定性所带来的短暂惬意。这就像你的生活本身是一片沙漠,你根本不会有想要寻找绿洲的渴望。你宁愿待在原地,尽管你知道这里永远是困境,但是也不愿意耗费更多的能量和水分去探路了。

在这样的心理剖析过后,我开始尝试作出改变。刚开始的时候,仍然想要用最轻松的方式去逃避:先玩玩手机,先随便找点乐子再说。但渐渐地我学会给不同的事情赋予意义。最开始的时候,想要玩玩手机打发时间,我就强制性地把手机锁在柜子里,在完成了一项学习任务之后给自己奖励——用这种强制的方式提供意义。渐渐地,我不再畏惧几十页夹杂着专业词和生僻词的论文。我想做一个大学教授,我享受站在讲台上传道解惑的乐趣。我知道,这些事情是我成长的必经之路,我现在多做一点,才能走得更快一点;我也不再抗拒没日没夜地待在实验室,因为我发现科研这条路虽然艰难,但可以发现无数的新知识和有趣的东西。

02

我后来和很多不同的人打过交道。有一路顺风顺水拿着全额奖学金的大学霸，有熬了五年也写不出毕业论文的博士；有经验十足，做起事来雷厉风行的项目管理者，也有在职场中摸爬滚打多年，徘徊在中层而不得晋升的职员。

我见过就连报旅行社跟团旅游都恨不得再拖延一阵的人；也见过有人因为热爱一座城市，愿意做详细的攻略，挨着地图寻找每一条街道，恨不得把所有时间都花在准备他的旅行上，一分钟也不拖延。

我发现，有时候人即使面对的任务特别枯燥，也能拼命地完成；有时候即使是在做一些还算有趣也还算轻松的任务，也恨不得放到最后去做。我越来越坚信，决定是否拖延的，根本不是那些所谓的时间管理的窍门，而是你自己赋予行为什么样的意义。

设想一下，以乔布斯的果断和执行力，如果逼着他成天就做做 Excel 表格或者让他打电话联系客户，多半会令他拖延症发作。我们并不是对所有事情都拖延，只是对那些找不到意义、我们不想做的事情拖延。否则为什么我们总是拖延着先玩两个小时游戏，而不是拖延着先工作两个小时再说？

很多人看了别人的励志故事，知道了现在开始一切都不算晚，但是当关掉故事回到自己生活中的时候，依然会发现生活的无聊和琐碎，那些所谓的坚持啊，毅力啊，根本撑不了太久。因为在潜意识里我们知道，那是我们排斥的生活。

正是因为那种行为背后的结果，根本不是你想要的，所以你永远也无法产生动力。为你要做的事情赋予一份意义，才是解决拖延症的良药。

03

我有一个好朋友是做设计的。

大学的时候学高数，作业第二天早上就要交了也不想做。后来换了专业，确定自己是真的爱设计。她说她的梦想是要做冈特·兰波那样的顶级设计师，她熬夜做设计图，就算甲方再奇葩，也会忍着脾气努力地做。在她的世界里，吃饭、逛街、看电影、玩游戏是可有可无的事情。

当你感受到价值的存在时，拖延反而充斥着难以忍受的无聊。认识自己，知道什么是你想要的，然后把生活中那些琐碎的事情，都和你的目标联系起来。你热爱写作，想成为一名作家，那就想想你现在做的每一件事情，可能对你日后的写作道路有怎么样的帮助？是可以帮助你收集素材，帮助你构建人物，还是可以增加你对事件的洞察力？如果你想从事金融方面的工作，现在需要准备一场考试，就想想，现在记住的每一个知识点会在以后对你产生怎样的帮助，这一场考试又具有怎样的重要性。这听上去很艰难，但却是最有效的办法。

如果连你都不觉得你的人生值得争取，那怎么会去拼尽全力？对抗拖延的唯一办法，就是找到事情的意义，从而把拖延变成一个无聊的把戏。

有一个研究成瘾的实验十分有意思：一开始实验人员在笼子里养了一只孤独的老鼠，并放上两瓶水，一瓶是纯净水，另一瓶水含有海洛因。老鼠会反反复复地喝含有海洛因的水，直到它因为兴奋过度而死亡。后来实验人员重新建造了一个符合野外老鼠生活环境的实验区，里面有各种彩色球和很多隧道供老鼠嬉戏，在食物充足的环境中，养了 16～20 只老鼠。它们能自由活动，有正常的社交生活。当然里面仍然有两种水，一种是纯净水，另一种含有海洛因。在这个老鼠乐园里面，很少有老鼠会去喝含有海洛因的水，当然也没有任何老鼠最后因为喝这种水而死。

这和拖延本质上是一个道理：我们拖延，只是因为没有让我们更快乐的方式。如果想要摆脱拖延症，就必须先在自己心中建造一个乐园。

拿什么赢过那些高考比你好的人

高考诚然能论一时成败，而最终是否能活得幸福，并不是一个数字就可以决定的，还需要看你后期的努力和机遇。

01

去年，一个坊间新闻传遍了朋友圈。我本科就读的南开大学，有一个非常知名的卖豆皮的摊主，居然全款现付买了天津市市中心的一套房。有人感叹勤劳创业终致富，但更多是大学里无数的本科生、研究生乃至青年教师在想，为什么卖豆皮的都比"高等教育精英"赚得多呢？这就延伸出来一个更大的话题：高考分数高，学校牌子响，以后的人生就一定更成功吗？

当然不是！

因为在教育体系（好学校、高学历）内表现不俗的人，在世俗金钱观里，这一套是行不通的。顺着当代教育体系一直走下来，读到硕士并不是一件难事。考试可以补习，可以背重点，可以练习，甚至可以复读。但是生意经和财富经，不是空想或者看看中央七套就能得来的。

02

可能很多人认为，卖麻辣烫或是卖豆皮，是一个劳动密集、技术含量低的工作。但是成功的麻辣烫摊主一定是这么认为的：卖麻辣烫是一个劳动密集、技术并不算低的工作。

我有个叔叔在家乡的大排档一条街出摊，大排档最火爆的季节是在夏季夜晚。暑假的时候，我爸经常带我和我哥一起去给那个叔叔捧场。大排档的摊位总是人员爆满，几个灶台同时开锅爆炒，人多的时候几个传菜的都忙不过来。这里的扎啤都是用80L的大桶运来，后厨的小工分装的。大排档着实赚钱，可是忙碌的摊主可能会忙到后半夜，稍作休息，第二天的傍晚又将要迎接新一轮的忙碌，更不要说可能会遇到酒后斗殴这类事情的发生了。

因为不论是从无假无休、食材采买、顾客刁难，还是从竞争对手的小动作等等特征来说，从事个体行业都是无比辛苦的事情。有无数个失败的麻辣烫加盟者用事实告诉我们，他们不是个体行业幸存者，个中辛酸我们见不到。而且，我奉劝一些觉得读书无趣的人，不要贸然放弃学业，因为如此容易放弃的人，做生意大抵也会冲动和激进，成功的可能性就会大大降低，他们就像是那些在小摊上喝大了叫嚣着"我就是不努力，我要是努力早就成功了"的人。所以别随便妄言，把最后一点身为"读书人"的骄傲都踩碎了。

03

我有个朋友本科学的民航专业，他的高考分数并不高。而且他考试常常挂科，补考好几次才通过。高等数学、大学物理乃至专业课都不是特别优秀，熬了四年，勉强毕业。但是他非常非常顺利签约去了某航空公司，当机组人员——飞机维修员。

然而真的到了飞机上，本科学到的东西基本用不上，需要的是跟着老师傅一步一步地学，多动手、多实践，再学习一些相关的知识。

我告诫朋友说，大学的课程不好好学，终归是没人发现，可是实习不认真，工作不负责，那可是直截了当地砸饭碗，他深以为然。

飞机维修工程师的工资很高，工作虽然累，但休息时间多，足以秒杀一众普通本科毕业生的工资。凭什么是那帮学习不上进、能力不突出的人从事这个职业呢？为什么更加努力、更加认真的你，不能去从事飞机维修这个行当呢？因为他们越过了要专业学历这个门槛。学历并不能保证让你大富大贵，学历只能让你找到一份还算体面的工作。究竟是非常体面，还是差点饿死，取决于你自己的能力。

04

话说回来，要规规矩矩、四平八稳地挣钱，本科毕业生大抵是可以做到的。现在大学生谈到就业形势差，是指找到一个"工资高、不加班、难度低"的工作难，而不是单纯地找一份工作难。只凭着一份还算可以的学历，就想找一个又轻松又比一般人赚得多的工作，总归是要醒醒。

　　读一所大学，找一份对口的工作，像是流水线生产出来的产品，有特等品、一二三等品，当然还有次品。（不同的专业，不同的学历，使得产品天然的价值不同）而放弃求学去创业，则是一种独立的手工运作，手工产品可能因为没有得到规范认证而不被人承认它的价值，也可能因为它是独一份的，而价值连城。

　　如果你身处良好的平台，自己要努力把握，如果你的平台还不够好，那么在碰到好的机遇时就努力抓住它。高考诚然能论一时成败，而最终是否能活得幸福，并不是一个数字就可以决定的，还需要看你后期的努力和机遇。

第二章

让今天的你优于昨天的自己

好好说话，掌握说话的艺术

好好说话，掌握一些基本的对话技巧，在对的场合，说对的话。

01

好好说话，主体一定是你自己，不回答别人的问题不一定不礼貌。但是拒绝回答不礼貌的问题，基本都是对的。不太会说话怎么办？又不能哑口不言，说的话又担心自己出口伤人，带来负面效果。

我们把说话的场合和情景一一分解，逐条写上 Tips（提示），不求成为一名雄辩家，至少不要让自己的语言表达成为障碍。

02

好好说话的第一点，一定是真诚地表达。

说话要真诚，要搞清楚对话的最终目的。不论是现实还是微信社交，如果别人邀请你去一个听起来就不想去的聚会，你自己也不想去，你该如何拒绝呢？

你可以肯定他对你的热心邀请，肯定这类活动存在的必要性，或者说清自己也想参加聚会的心情，但是一定要说清自己不能参加聚会的原因，并且尽可能地用反问来尝试得到对方的回应。如果最后的发言顺序又落回对方，那么由此产生的良好互动感可以拉近彼此之间的距离。除此之外，即使对方再次强调他的主张，你二次拒绝或是表达其他观点时，对方已经有了心理准备，大幅度降低了对方情绪化的可能性。

本科毕业时，我遇见过一件奇葩事。毕业旅行的时候，各种名目的专业、班级甚至几个宿舍都可能一起去旅游，近的可能是一天周边游，远的要出去好几天。

小苏被邀请一起去某草原，说实话这个草原开发过度，农家乐要价也很不合理，大家都有所耳闻了，这时小苏却在私聊的微信群里说：去什么草原啊，牛羊粪臭气冲天不说，我会傻到专门出去被宰吗？不去！负责邀请的同学也是个暴脾气，看到这条消息后很生气地把微信聊天记录的截图发到了大群里，后面又发生了无数狗血的故事，好好的毕业季多了一个闹剧。

03

在真诚的基础上，表达清楚自己观点的同时，也要注意运用逻辑结构。试想，当你向其他人交代事情，或者是你要描述一件事时，内容可能很繁复，而我们又不能把说出去的话"加大""加粗""加下划线"，或是重要的话重复三遍。这时候不妨运用清单逻辑和递进逻辑两种形式熟练表达。

清单逻辑就是开宗名义地讲清楚，你要说的话里有几点要注意的地方。最基本的就是使用一二三罗列清楚。比如，"今天我要讲的内容，主要有以下三个方面"，预设好的清单逻辑让你的发言从块到条，表达起来更清晰，每条的最初和最后都可以进行强调。

递进逻辑，就是使用因果关系、事情发展关系等关联词对一件事情进行剖析，此时还可以换位思考。

如果在平时说话中抛弃"然后""其实""我的意

思是说""那个""是不是"等等降低逻辑性和暴露语言组织短板的词汇，那么你将会给别人一种沉稳的感觉，将这类逻辑思维运用于语言的组织，都是有参考价值的。

04

最后一点，行动和语言的一致性。如果你的行动无法与你的语言匹配，即使语言组织得再好，可能一个眼神就可以将你出卖。纵使有最完美的讲稿，你无法意气风发地表达自己，而是低头一字一句地读稿，相信没有人可以被你打动。

如果你在宣传自己和说服别人的语言中，运用了大量的技巧去征服听众，却不付出行动去兑现诺言，未来会面临更大程度的"打脸"。

其他好好说话的方法还有很多，列举以下几个小方法，仅供参考：一视同仁（减少对个体的过分关注），点到为止（不直接说自己的想法），常说感谢（强调团队的重要性并把对方放在团队中心），准备充分（基本条件）。

好好说话，是为了最大限度地让别人见识你的实力，把握以上几点，至少可以做到不会回回都是尬聊的领头人了。

在对的场合，说对的话，不必总是中庸，不必总是瞻前顾后，若你敢爱敢恨，就把爱和恨好好地袒露出来。

自己的情绪，还不好管理吗

情绪管理是一个人必备的技能，更是一种财富。

01

很多人常常说要做情绪的主人，却总在不该发火的时候大发雷霆，在不应该怯懦的时候，敢怒不敢言。此时，你不仅没有掌控好情绪，反而成了情绪的奴隶。有一些情绪管理的方法，可以让情绪为你所用。当一点消极情绪不断被放大，在一个狭小的空间里迅速积累，然后就该爆炸了。

小甄，是我众多同学里非常不好惹的一位。不是他威风凛凛，一身本事，而是他的情绪非常容易波动，就像易燃易爆炸的白磷。前一秒大家还在微信群里讨论热门剧集《我的前半生》，诸如女主角罗子君形象的大转变，闺密唐晶霸气十足的办公室穿衣风格，新型霸道总裁贺涵。"这么烂的剧为什么还有那么多人看，亦舒的书真的不适合改编成电视剧。"小甄突然在群里说了这么一句话，霎时间，所有人都不说话了。仅仅是电视剧、娱乐八卦这类茶余饭后的谈资，都会被小甄上纲上线……

小甄的传奇故事数不胜数，在体育选修课上，因为训练强度太大和老师吵架；在专业课老师的办公室里，质问老师为什么出上课没讲过的考题；在人人网上，大篇幅公告和女朋友分手的原因——都是她不好。作为十足的情绪奴隶，他开心时，见了面会主动和你握手，有时候恨不得跳起来抱住你。不开心时，你和他问好，他会回复你两个字：呵呵，甚至偶尔还会拿出回复金句"关你屁事"和"关我屁事"。不分场合地使用这两句话，真的会坏事。我不敢说小甄没朋友，但是我敢说没人敢和小甄走得太近。

02

有人说，有个性没什么不好的，敢爱敢恨，恣意潇洒。总要假惺惺地对别人虚假寒暄，甚至是分了手都不能补着骂几句，我做不到。

可是敢爱敢恨并不代表任何一件小事都可以左右你的爱与恨。一个值得他人欣赏的、有个性的人，应该是情绪的主人。

要做情绪的主人，管理情绪抑或是利用情绪高效地完成一件事情，是一个循序渐进的过程。

高中语文语病题的一类考查点就是对事物的描述要由表及里，对待情绪也一样，我们应该识别、理解、接纳自己的情绪。

识别情绪，就像专业课里最常见的名词解释一样。情绪是非常主观的个人感受，因此自我意识中要有对自己情绪的"命名"，把自己的情绪以"原因＋结果"的形式表述出来，可以在最快且最大的程度上，阻止负面情绪像雪球一样越滚越大，最后失控。比如，你可能只是因为别人的不守时而愤怒，如果你内心一直重复着"我现在很愤怒，生人勿近"，那么你很容易将小小的个人情绪带到学习或工作中。或者，每到炎炎夏日，期末考试快要到了的时候，同学们就相当浮躁、易怒，图书馆有一点儿动静都要皱紧眉头，翻开课本看不到几页，就恨不得把笔都折断。其实，这是不加归因的负面情绪带来的最大影响——迁怒。

理解情绪，不是要把情绪产生时的情境在脑海里重演一遍。而是从相对客观的角度去重新评估情绪，这个过程适合自身思考，在心里默默划分列表，分清一二三。拿我刚刚高考完的表妹举例，她考完数学，出了考场就泣不成声，微信里和我说她的数学考砸了。我告诉她，高考数学本就不可能有人在考完试后，自我感觉是良好的。然后我帮她算了算，这套很难的数学卷子她大概会扣多少分。算了下大致分数，不算很差。我借机安慰她："卷子难的话，判卷老师也会相应调整松紧度，你现在的分数，还算稳定。如果你现在还想哭，不去准备明天英语考试的话，你就再哭会。"表妹说："不了，我还是洗把脸看英语吧。"

从负面情绪回归平静很简单：一是了解到我们夸大了自己的感受；二是要明白即使持续沉湎于这样的情绪中也于事无补。试着去回忆一下大多数你怒火中烧时的情景，其实事后想想，很多时候，事情并没有那么糟糕。

03

事实上，大部分情绪在理解和消化后，基本就可以掌控了，但是总有些极端的事情，超出我们的预期，一时无从处理，这时候我们应该学着接纳这种情绪。

曾经有一次，参加演讲比赛的时候，我向我的辅导老师求教。尽管我的稿子已经背得滚瓜烂熟，我也对着镜子调整过肢体语言，但我还是感到十分紧张。可能是看到台下黑压压的观众头皮发麻，导致演讲时我的双腿乃至声音都微微颤抖。我的老师告诉我："紧张是不可避免的，每个人都会有不同程度的紧张。演讲比赛是在比谁在紧张的情况下，可以像丝毫不紧张一样表达自己的观点。"换言之，比得就是紧张对谁的水平打的折扣最低。对待这类不可避免的情绪，我们不妨避免正面交锋，不要使用蛮力去压制它，而是带着这种暂时挥之不去的情绪去做事，去做一件喜欢并且需要专注力的事。随着注意力的转移，以及对这类情绪的脱敏（神经生物学中指多次接受刺激后，对刺激的反应消退的情况），哪怕不去做这类情绪的主人，也可以最大限度地降低负面情绪产生的影响。

最后，分享一个我的不生气技巧。当我发现我可能生气时，我会思考这样一个问题：生气是不是对我的身体不好？认同生气会对身体以及学习、工作不好时，再思考下一个问题：刚刚这件事，究竟错在谁？如果错在自己，努力改之，自己生自己的气是一种内耗，不值得。

如果是别人做错事，就更不应该生气了，因为这是用别人的错误惩罚自己。

　　情绪的管理不可能一蹴而就，生而为人，在适度的范围内有喜怒哀乐才是最可爱的。情绪管理是一个人必备的技能，更是一种财富。

温柔永远不是女生最好的品质

> 不要把自己对温柔的偏好，自私地说成是当代女生必守的十八条原则之一。

01

好像每个人身边都有一个爽朗的姑娘，她们走路带风，声如洪钟，同时很大概率上是北方人。她们是我见过的非常率真的存在，真实且可爱。可有人说，女汉子人设已经泛滥，温柔才是女生最好的品质。

"他说我不够温柔"，这话是从小彤嘴里说出来的。我不敢轻易搭话，生怕说了什么不得体的话，让失恋的小彤更加难过。"什么？我已经为了这份感情变得很小心、细腻了，如果他还是觉得我不够温柔，说明我们真的不合适。"小彤顿了顿，说出了这样的话，看来我的担心都是多余的。

我同意，温柔和善良不一样，根本不是必选项。回想起中学时期的小彤，清爽的短发，宽松的运动服，单肩斜背的双肩包……我们都叫她彤姐。毕业以后，彤姐打扮得越发淑女了，我们也改口叫她小彤了。

同学聚会的时候见到了小彤，她留长了头发，烫直了长长地披在肩上，加上本身就是高挑的个子，整个人看起来绰约多姿，亭亭玉立。有很长一段时间，我想过这样一个问题：上学期间，女生多是宽松的校服、短发、厚到看不清五官的眼镜。那个时候的女生，很少能意识到自我的魅力吧，当然这样也能从根源上降低早恋发生的可能性。远远地看着小彤款款接近，气质出众，落落大方。当她见到我们这帮老同学、老战友，马上就丢掉了自己的女神包袱，甚至操着乡音，揪着衣服抖抖风："我天，这天也太热了。"都不用一番交谈，我放弃了对小彤的担心，因为即使有那么多人，也没法阻挡小彤的女神光芒。所以，不用太着急，她一定可以找到属于她的幸福。

你若是喜欢温柔的人，你就去找，不要毁了努力为你变得温柔的少女心，更不要把自己对温柔的偏好，自私地说成当代女生必守的十八条原则之一。

02

　　有人说，在林黛玉、薛宝钗之间，男性十有八九都会果断选择后者。这点我是赞同的。

　　为什么女性一定要温柔体贴？开朗、热情不也很有魅力吗？每个人的性格生来就是不一样的，正是因为不一样才造就了这个多姿多彩的世界。生来就是黛玉的人，凭什么强行伪装成宝钗呢？伪装成功之后，还要假装幸福吗？为感情改变的人，不在少数，或者说每个人都有可能。当你开始注意到这个人时，他的家乡、他的专业，甚至和他同一个姓氏的人，你都可能会停下目光多驻留一会。就算骑着小黄车路过他的学院，都会想象在某间自习室里，有没有一位安静看书的他。因为一段甚至还没有开始的感情改变了自己，开始听欧美电子乐，读晦涩难懂的欧洲哲学，甚至抱着把吉他学习唱好妹妹乐队的歌曲。就算最后你没能和那个人发生一段缠绵悱恻的故事，但是你已经变成了一个了解欧美电子乐风格，一个有一定哲思理趣，一个可以坐在草地上吹着风练一下午曲子的人。在别人眼里，你正在变得更好，变得更加有吸引力。

　　那还是你，一个更好的你。

03

为感情改变，迷失了自我的人，多吗？不少，至少每个分手后痛彻心扉的人都可能是。当你为了接近那个人，开始发掘一些可能的共同兴趣，打他喜欢的游戏，在豆瓣为每一部他喜欢的电影、电视剧评分，还附上感想、旅行打卡，刻意做出色相俱全但是味道不一定好的饭菜，然后拍照发在朋友圈里。终于有一天你们相遇了，他惊异于你们有那么多相似的地方，希望你们可以发生灵魂的碰撞、心灵的共振。

可是，你已成强弩之末，在深入了解后，对方会发现许多事其实都是有预谋的。或者，过早摘下的果子，还没有沉淀足够的糖分。在别人眼中，你像突然变了一个人，戴着别扭的面具做着不属于自己风格的事情。

就算你们在一起了，你却变成了一个空心的你。

04

温柔不是女生最好的品质，但这并不是在否定温柔存在的意义。想对每一位不想追求温柔的女生说，你没有错。

曾经有人对我说："痕量，没想到你是××性格的人。"我也没想到，因为我从来没否认或承认过。但是如果你当面说："痕量，你真不是个××性格的人啊。"我一定会反驳你。当别人对我有预期时，如果那也正符合我自己的预期，我会非常努力去做到，并且摒弃自己的缺点。我不认同时，我会说，我做不到或者不想做到，所以请不要对未来和现在的我失望。

当我收到朋友的消息：是我不够温柔，不够努力，不够体贴吗？所以才会失去他。我的回答都是：你若觉得自己已经够好了，就是偏执的他失去了你。

同时，不要对他离开前说的最后一句话耿耿于怀，这通常是没有意义的。

两个人的关系，岂能用一句"你不够温柔"就可以来概括，这只是一个用来敷衍的幌子罢了。

一个寒假就变美，秘诀就在这里

真心地希望每个人的假期都不虚度，认真地生活，并且每天都在不断变好。

01

每到寒暑假，广大学生就会提出这样的问题：如何在一个寒暑假就变美或者变帅？

每次看到这个问题，我的第一想法是：看，世界上果然还是有上进的人！

不过这些上进的人之中，很多人只有三分钟热度。真的想改变的人早就开始行动了。有的可能早就改善了体质，有的可能一直都在行动中，寒暑假不过是有更加充沛的时间去实现自己的目标。即便如此，我也从来不想打击每一个想在寒暑假变得更好的人，只不过在行动前把目标和出发点想好，实施起来可能会更简单。

02

大家有没有反思过一个问题：为什么只有到了寒暑假，我们才会突然想让自己变美或者变帅？

当然是要趁着轻松而且时间长的寒暑假，才有这份动力呀。

可是事实并非如此。在寒暑假，改变发型也不过是一两个小时的事情。健身、跑步更是可以利用日常的时间。当你把寒暑假里大把的时间，用来做一些平时就可以做的事情时，你失去的就太多了。

因此，我建议在寒暑假每天坚持记录一些有趣的事情和收获，哪怕是写成流水账，回头看都非常有感触。

我对当下青年的假期利用率一直存疑的原因，就是大家把寒暑假中碎片化的事情当成了主业。假期的上午、下午、晚上任何一个时间段都足以拿出一两个小时去做正事（读书、写作、学习）。冬季酷寒，放寒假的时候，许多朋友起床就十一点半了，直接丢失了上午的时间。有些姑娘还心想：不错，我还能少吃一顿早餐呢，就当减肥了，可是转头就暴饮暴食。不吃早餐，饮食规律和睡眠规律紊乱的坏处我在这里就不一一赘述了。还是说一些实用性的东西，看看假期期间我们该做些什么吧。

03

寒暑假我们面临的最大问题就是：拖延，拖延，拖延！

有没有人和我一样，上中小学的时候，每次都是在开学的前几天疯狂补作业？

上了大学，趁着假期珍惜亲情，珍惜老友情，珍惜家乡美食？见见这个老同学，看看那个老师，约着朋友们出去吃吃东西、聊聊天。不同的人珍视的东西不同。早下手，还有机会再来一次，再多回味一次。

如果你想学一门语言或者乐器，那么你要尽早去上培训课，交钱报班，把这件事提上日程，并且把这件事当成一件有仪式感的事情。每天学习，每天都会有收获。同时会产生一种充实感和成就感。毕竟在假期许多人是不学习的，也不看书，更多的是追明星看八卦。

如果你想多陪陪爸妈，那么请你从第一天开始，在妈妈做饭的时候帮她打打下手，而不是玩着手机，坐等家里人来喊你吃饭，抽时间陪妈妈一起去菜市场和超市采购，让妈妈也听听别人的夸奖，比如说，"这闺女真懂事啊，陪妈妈出来买东西"之类的话，也可以晚上陪爸爸聊聊天，聊聊足球，聊聊汽车，偶尔陪爸爸下一盘棋。

如果你想见见老友，也应该早早规划，毕竟你们许久未见，双方时间的协调、地点的选择、活动的方式都需要提前沟通好。你们可以相约旧地重游，也可以找一个安静舒适的店喝喝咖啡，聊聊生活琐事。总之，如果你选择宅在家，那么日历上的数字只会越走越快。

不论如何，这个假期，把最想实现的事情放在最前面去做，至少结束了谈不上后悔。

04

关于运动和锻炼以及增肌减脂，我的建议是：监测体重，保证运动的习惯，同时不要暴饮暴食。

如果是在寒假，寒假时间其实并不长，但人在冬天本身就不爱运动，再加上还横跨了春节。因此我不建议大家在这个时间段通过过度运动来减掉过多的体重，因为在假期结束的时候，很有可能会因为生活节奏的改变出现反弹。因此我建议大家除非特别急切地需要减肥，否则保证日常一定的运动习惯即可，没有必要过量运动。

过年回家发胖，最大的原因就是：嘴巴闲不住。本来回家的伙食就够好了，年货还买了各种零食，冬天北方人又特别喜欢炸东西备着，加上各种来往的礼品，导致许多人摄入了本来并不需要摄入的热量。不妨给自己定一个小原则：每日三餐，吃饱即可，增加蛋白质，减少脂肪和碳水化合物的摄入。两餐之间允许自己吃一次零食，睡前三小时不吃零食。

05

寒假期间，不应该忽视一些细节。

对于女生来说，可以多掌握一些美容美妆技巧，搭配技巧也是十分必要的；经常戴眼镜的同学，是不是可以尝试摘掉镜框，体会一下不戴眼镜的自己是不是更好看；对自己眉毛不满意的同学，是不是有必要去专业场所改善一下眉形；不会服装搭配的同学，是不是可以把自己所有的衣服拿出来，参考一些网友的意见，做好搭配。

事实上，每个人都可以选择一个或者几个人当作目标或榜样，参考其外在的构成（发型、妆容、穿衣风格等等）。而对于护肤、牙齿和头发等方面的护理，短短的一个多月其实很难看出效果，这需要一直坚持。

真心地希望每个人的假期都不要虚度，认真地生活，并且每天都在不断变好。相信我，如果你态度端正，不管是一月二月，还是九月十月，你都可以脱胎换骨。

一个寒假就变美的秘诀，就是将人生活得更美好的秘诀。

第三章

那些令见者敬畏的野兽，
它们总是独来独往

姑娘，学会珍惜自己

你要先学会珍惜自己，才能被人珍惜。

01

陈小文是我认识的一个小姐姐。她前男友和她分手，理由是不想谈异地恋。

她不想分手。但前男友却坚持要分。最后，两年半的爱情，就这样无疾而终。

她说，他们只是败给了距离。她不甘心，仍然给前男友发微信，和他说天气热，从空调屋进进出出小心感冒；在网店上给他买剃须刀，还买了生鲜寄到他家。

直到有一天，她男友在微博上，发了一张和另一个女生的合照。凭着女人的直觉，她沿着评论和点赞找到了那个女生的微博。她一条一条微博看下去，发现那个女生去年夏天发过一条在日本东京的微博，配图是两人在东京铁塔下用手比了个心。陈小文发现，有一只手腕上的表，是自己前男友的摩凡陀。而那个时候，男友和她说，自己是去日本出差。她拿着这条微博去质问前男友：是不是在分手之前，你就劈腿了？陈小文设想了一百种前男友的解释，计划了一百种"如何拆穿他的说辞"。隔了半天，她前男友回复了——你不要缠着我了，行不？就算我劈腿了，现在我们也早分手了。

原来对方连撒个谎都懒得撒了啊。她到这一刻才知道，异地只是一个听上去不算刺耳的说辞罢了。

"我一开始好失望，以为自己的爱情输给了几千公里的距离。现在我更失望，我竟然都不知道我输给了什么。"陈小文哭得稀里哗啦。

陈小文对这个男的特别好。以前他们在一起的时候，出去旅行，全部都是她一个人做攻略，她男友就在旁边打游戏。每次家里的咖啡或者牛奶没有了，都是她去超市买，男友从来不管。有一次她在家里做了蛋挞和蔓越莓饼干，叫我们这些朋友去她家吃。我们都觉得特别好吃，她男朋友却说，这次糖放这么多，难吃死了。当时场面特别尴尬，有个朋友打了个圆场说："陈小文，都怪你平时做得太好吃了，把男朋友的嘴都给惯坏了。"她笑了笑,没说话。

她对男友特别好,因为她坚信,只要对对方足够好,对方必定会对你温柔以待。但最终,对方还是背叛了她。而且,还是在分手一个月后才得知的。陈小文说,她不知道她的爱情输给了什么。她觉得自己对男朋友够好了,什么都迁就他,也不和他吵架,不知道为什么还是没有留住他。

也许所有问题的关键就在于她对男友太好了。回家有人把家收拾干净,打完游戏就可以有好吃的东西,工作之后有免费的倾诉对象,在她男友眼里,她就像一个免费保姆。男友和她在一起,并不是喜欢她,只是喜欢她对他好而已。至于爱,也许只是一件根本不存在的缥缈之物。

她可能从来没有想过,她是败在失去自我。

02

我见过很多甘心做家庭主妇的女生。

她们放弃工作,在家里一心一意地养孩子。

从一个爱化妆的姑娘,心甘情愿变成了一个不修边幅的妈妈。以前讨论的是这条裙子好不好看,现在更多的是仔细比较不同牌子的尿不湿。

　　我以前认识一个女生，她原来在一家外企工作。因为做事雷厉风行，大家都叫她景总，当时她做了三年，就从普通职员晋升为项目经理。就在所有的同事都觉得她会在职场混得风生水起的时候，她辞职不做了，甘心在家里带孩子。因为她老公想要孩子，而且坚持"女人就应该在家带孩子"的理念。她也没多想，因为她既喜欢小孩子，也爱她老公，特别开心地辞了职。

　　但她辞职之后，才发现事情有些不对劲。她在网上买了化妆品，她婆婆会说："养家挣钱都是我儿子，你花钱省着点。"要知道，她原来的薪资比她老公要高不少，她两个晚上的加班工资，就够买这些化妆品了。她说自己照顾孩子太累，她老公会说："就靠我一个人养家，怎么有空管孩子？"

　　她老公说他没空管孩子，但有空和手下的实习生暧昧。实习生是一个90后的小姑娘，年轻漂亮，一心想着实习转正，于是把希望寄托在了她老公身上。

　　她感觉天都要塌下来了。她和她老公说这件事，她老公一副没事的样子："那你要我怎么办？孩子才一岁，你要离婚吗？"是啊，能怎么办？现在自己连工作都没有。就算知道了自己老公疑似出轨，又能怎么办？难道离婚，带着孩子回娘家去？她后悔，当初一条退路都没给自己留。

她最近准备重新找工作，然后离婚，一个人养孩子。虽然这条路很艰难，但是也比现在这样的委屈日子好受。在爱情里，一定要先对自己好点儿。这不是不相信对方，而是在相信对方的同时也要学会爱自己。如果卑微到连自己都不爱自己，又怎么可能期待对方来爱？你可以对对方很好，但是千万不要把它变成无条件的好，变成无条件的妥协。很多人都当过这样的傻子：把对方当成自己生命的全部，当成自己的整个世界。想知道后来怎么样了吗？

后来世界末日了。

03

要记住，当你把一切都给了另外一个人，这是伟大，也是绑架。因为这样的你实在太好了，好到无法拒绝。别人会因为你的好而和你在一起，但这不是爱。

因为爱，所以才要克制，所以才要自爱。你要先学会珍惜自己，才能被人珍惜。

如果一个人连爱自己都没有学会，她更不可能学会如何爱对方。

学会珍惜自己，是爱的第一步。

学习拒绝别人，把时间留给更重要的人

学习如何拒绝别人，只是为了让更多苦恼于"无法说不"的人，把时间留给更重要的人。

01

把精力留给值得的人，拒绝那些不值得交往的人。是我以前文章中的一个观点，发出去之后，很多人在后台留言：到底如何拒绝别人？

看到这么多的疑虑，我才意识到，拒绝别人对于很多人来说，其实是一门技术活。大多数时候，难以拒绝别人，其实是无法接受一个"不被别人喜爱的自己"——即只有在不断满足对方要求，并且在这个过程中判断自己被对方接纳的时候，才能获得被对方肯定的满足感。尽管对方可能只是自己生活中的一个过客，甚至是一名不会对自己产生任何影响的推销员，我们都可能因为对方因我们的拒绝而产生的失望感到自责，所以，会通过满足对方的提议来实现对方的肯定。

但很多人没有意识到的是，这种满足感的来源，是你大量的时间耗费和情感耗费。

02

我认识一个朋友，她有一个闺蜜在做代购。每一次，她的闺蜜代购时，都会让她帮忙转发，甚至要求她转发给其他好友，并截图给她看。我那个朋友，还真的照做了。我问她，你难道不觉得这件事情很不值得吗？她回答说，是很不值得，但是她求我帮忙的时候，我真的不知道如何拒绝，我只能去做。

这就是典型的无法拒绝别人的情形。

当她耗费大量的时间、精力和人脉完成一件事情，并且潜意识中认为这件事非做不可的时候，其实是一种"瘾"——这种瘾所产生的心理暗示强迫你"必须完成对方要求你做的事情"。本质上它和游戏成瘾没有什么两样。

03

比如一个根本和你不熟的同事平白无故要求你帮她做PPT，但是你不好意思拒绝的时候，不妨这样思考：如果我帮你做PPT，那就意味着我今天不能和女朋友吃晚饭，我要失约，失约的话女朋友可能就会生气。难道一个陌生人，比我的恋人还重要？

很多时候难以拒绝某一个人，不是因为他和我们有多熟，而是因为你对这种行为上了瘾。想要戒除这种瘾症，最好的办法就是对重要的人投注更多的关心。而对爱自己和自己爱的人，给予他们关怀，不是一件很美妙的事吗？

在言语上应该如何拒绝？

1. 当对方提出要求时，首先条件反射性地判断：他是不是一个我值得帮忙的人以及这件事是不是值得做。

2. 当做出这种判断，确认不值得帮之后，回复对方：不好意思，我有更重要的事情要忙（具体到某一件事情上）。

3. 在第二条的情形下，对方往往会以阐释客观事件（我的这件事本身很容易的，你就帮一下）和怀疑主观动机（我看你也不忙啊）来继续提出请求。

4A. 如果对方阐释客观事件，你需要做的不是和他辩论他让你帮忙的事到底是不是小事，而是让对方知道，既然是一件小事，那你完全可以自己做，或者有比我更好的人选来代替我。

4B. 如果对方怀疑主观动机，你需要做的不是告诉他"我真的很忙"，而是让对方知道，你并没有义务帮忙，因此，无论你主观动因是什么，当我告诉你我很忙的时候，就代表我不想帮。在这种情况下，怀疑我的主观动因没有意义。

5. 当对方面对面求你帮忙时，回复"让我考虑一下"，而不是含含糊糊地答应下来，要知道一旦你含含糊糊答应下来，你又会陷入犯瘾的困境：因为你潜意识中认为自己已经获取到了对方的信任，因此必须有义务完成。因此，回复"考虑一下"，当大脑完成判断：这个人是不是一个只会索取的人，之后再回复他（这样也可以使用电话或短信来回复，避免尴尬），这样，你才能把时间留给真正值得的人。

6. 一般而言，熟练使用语言来请求别人帮助的人，对肢体语言也更为敏感。如果你一副纠结万分的样子，对方会意识到一旦他多说点好话，你就有极大的可能会被他说服。因此，当你确定不想帮助他之后，不妨下意识采用一些强势防御性的肢体语言，如双臂抱在胸前（而不是纠结万分的样子），对方更容易知难而退。

这篇如何拒绝别人指南，只是为了让更多苦恼于"无法说不"的人，把时间留给更重要的人，绝非告诉大家如何保持冷漠。接受那些值得爱的人，本来就是生命中最美好的事。

我就是这么任性地独来独往

我们永远不要为了广撒网的友情压榨精力有限的自己，为了一些闲言闲语的风评而让自己违心。

01

关于独处，我想说的有很多。

正是因为我们经常处在一个相对真空的环境中，所以内心中关于独处的批驳从不停歇。

——我是不是落伍了？既不知道当下流行的剧集和综艺，奥斯卡获奖的电影也几乎一部都没看过。

——我是不是又被针对了？不就是说了句谁家的美妆产品不好用吗，怎么又被吐槽"何不食肉糜了"。

我享受一个人的时候，会戴上耳机，打开自己喜欢的游戏，世界的重力感应都围绕着我改变。我偶尔也会觉得失落，上了"钻石"（游戏等级）也没几个人知道我的"李白"玩得有多优秀，我的"吃鸡"（游戏绝地求生）技术多么高超。真想把自己切换成两个模式：开心时变成花，恣意地挥霍芳香；不开心时变成叶子，和黑夜一同静谧，或者在日光下潜行生长。

知乎上老有人问："为什么有些人明明看起来很友善，对人也很好，却总是独来独往呢？"

02

我们都是平凡人，能保持友善平和已经竭尽全力了。就像我们玩游戏有星级评定一样，交际也可以用类似方法评定，与人为善一颗星，待人良好两颗星，真朋友众多三颗星。前两颗是约束自己，相对容易满足，最后一颗可是需要他人配合的，难度相对较大。

很多人都想生活能够完美，没有树敌，但这真的很难，所以从此他们宁愿少与人打点交道，变成了独来独往的人。

试想一下，如果你有一大堆朋友，而且是那种你需要待之友善、能帮就帮的朋友，那该有多累啊？累还只是一个方面，很多时候却会吃力不讨好。

03

　　我们可以先讨论第一部分，我们能够友善对人可能是出于平和的性格，或者从小灌输的教育，我们受到的教育一直引导自己这样做。发育期的时候谁不觉得自己应该做个伟大光明正直的人呢？

　　长大之后，交际面广了，我们要和大多数人交朋友，还希望能听到朋友的真心话，我们需要付出时间与精力。

　　小的时候当班长，班里出现纠纷，偏向哪一队都不行。即便想要独善其身，报告给老师，老师的决断也会被认为是班长煽风点火导致的。更何况，经常打小报告的班长也容易被大家鄙视。还好我很早之前就意识到，同学不过是年龄相似、学区相近，大家随机分配在一起的结果，并没想过去强求和谁当朋友。

04

　　后来上了大学，第一次在南开住校，我非常努力地去和每一个人相处。我觉得大学同学有比较多的共同语言，我后来才意识到，即使在同一个学校，每个人的性格和风格也是不一样的，也不一定有共同语言，慢慢也就放弃无谓的社交了。

第一是精力不够。好的朋友要分享特别多的活动，而你好朋友很多，活动时间却是有限的，友情的浓度就被稀释了。上课只能坐一个位置，吃饭只能选择一帮伙伴，能参加的社团活动也是有限的。客观条件决定了我们不可能有无穷的精力和无数不同的朋友整日待在一起，我们还有自己的理想和追求。

第二是众口难调，评论难控。刚上大学那阵子，我在院里被称为"萌神"，但我很少刻意地去卖萌（这一点所有生活中的朋友都可以作证）。那时候挺多人愿意和我交流的，但是很快你会发现有人不喜欢你，针对你，讨厌你，甚至污蔑你。大一期末结束后，我们宿舍一起喝了点酒，晚上宿舍夜谈，我很认真地问我一个室友："为什么明显感觉你对我比较冷淡？"他说："说实话，我真的不喜欢卖萌的人，你人挺好的，不过我确实觉得一个男生老卖萌挺不好的。"听到这里我就释然了，我不是爱卖萌的人却给了他这样的印象，而且这个印象好像一直根深蒂固地印在他的脑子里，我也真是没有办法了，因为我真的不爱卖萌。

05

现在你把卖萌换成其他词,比如耿直、倔强、大嗓门……只要你有特点,就会有人不喜欢你的特点。哪怕这个特点或标签是别人给你乱贴的。对于这一点,不要太过在意,太过烦恼,想开点做自己就好。

事实上,我们总会有三两个知心朋友。也许有时候,你也注意到朋友出现了失落的情绪,但他没有主动找人倾诉。在别人都发现不了他的失落,或者故意忽略他的失落,乃至利用他的善良时,你注意到了。至少我看来,你为这个朋友的星级评定里,点亮了第三颗星。

你可以多关心关心他,主动找他聊一聊天。同时当我们再遇到这样待人友善的独行侠时,能不能多给他一点惺惺相惜之情,多给他一点包容?我们在人际交往中遇到过很多问题,也踩到过不少雷区。我们会注意到这样一类人:他们好像一个独行侠,学习和听课的时候绝不交头接耳,甚至去澡堂洗个澡都挂着副耳机,一个人活得有声有色。

有人羡慕过这种人吗?如果他们是心甘情愿,也乐在其中的话,我一定非常羡慕。我们永远不要为了广撒网的友情压榨精力有限的自己,为了一些闲言闲语的风评而让自己违心啊。

这一年，我们不需要新的朋友

我不是提倡我们不去交新的朋友，而是说我们要遏制住自己内心的偏见——认为持续地交新朋友才是正常的。

01

实在是可悲，狗年微信和我发"狗年快乐"，发"狗狗爆炸术 boom——过个好年"等花样百出的新年祝福的老朋友，为零。反倒是很多新朋友的祝福有早有晚，甚至猪年拜早年的人都有。

不过在这里，我不是要吐槽老朋友们不给我发祝福，因为这是没必要的事情。日常就会有一搭没一搭聊天的人，对于节气或者假日的祝福都是顺手一说的。比如今年1月31日跨月时，我正在和在波士顿的阿飞聊天。我无比俗套地给他发了一句："二月快乐，希望二月对我们好一点。"他悠悠回道："嗯，我这边一月还有十几个小时，容我再享受一番。"这是连个"同乐"都懒得回我呗。

周末快乐都会发微信朋友圈，难得吃个冰激凌都要晒出来的我，过节的频率可比大多数人高多了。所以大家不用趁着过年过节来关爱我这种留守成人，欢迎你随时来关爱我。

过年的那两天，还记得谁给你发了祝福吗？是定制的有昵称的那种，不是群发的。还记得谁回复了你，谁没回复你吗？很多人在很大概率上是不记得了，所以也别太在乎这种事情。反倒是工作关系比朋友关系更需要节假日祝福，而且是抓住对方需求的走心的祝福。

02

其实和很多人一样，我焦虑过：到了新环境，会不会交不到新朋友啊？

当你处在一个新环境中，你会发现交友交不难。我们不论是新入大学，新到海外，还是新入岗位，都可以建立新的联系。

联系相比友情更为中性，而且又是不可避免。在正面的联系中寻找友情的种子是最好不过的了。

读初中时，学校里都是平行班，到了高中就分出了火箭班。我在的火箭班全是从各地选拔上来的尖子生。初来乍到，我对身边的一切都畏畏缩缩，当个班长或是课代表，都生怕忝居其位。

后来我发现事情并不是这样的。越是所谓的好学生，越有让人惊喜的优点和特长。比如我们班有 B – Box 达人、Cosplay 爱好者、画手大触（触感笔绘制高手的简称），发现这些再交朋友就算不上有多难了。

有一部分某种意义上算不得好学生的人，会恶意揣测更优秀的人。比如少不更事的我也曾幻想上清华北大的学生是书呆子，是童年读书阴影无限大的人。但其实不是这样的，他们也是正常人，是多才多艺也有着喜怒哀乐的芸芸众生，甚至有着更优秀的表达能力。对于处在新环境或者是新境界的你来说，如果你想和有相似经历、相似学识、共同目标的人交朋友，那是很值得的。最起码可以起到一个监督的作用，在大群体进步的时候反思自己：是不是懈怠了，是不是掉队了？如果你想与活在不同世界，有着不同经历，连目标都不知道是不是相同的人交朋友，那更是应该的。因为我们本来就不应该活在一个一成不变的世界里，而且交朋友何必那么功利。

03

前阵子我偷偷把微信的签名改成了：过年不回。尤其是那个句号，假装显得稳重，淡定，无奈却又云淡风轻。然而并没有什么用，还是有许多人前仆后继地问我："Brant 啊，过年回不回国啊？"刨根问底的人还会说："上次元旦的时候没回，不还说过年的时候能回吗？"面对这种质问，我理亏，我认怂。自己不能和爹妈一起吐槽春晚王菲的洗碗手套就算了，连一顿简单的团圆饭都没法和家人一起吃，还要和不明情况的新朋友解释，真的很无奈。

老朋友看到我朋友圈没晒糖葫芦就应该知道我过年没能回国了，还有人因此主动发糖葫芦和极具年味街景的照片给我看。无论是老朋友还是新朋友，只要他们发来了消息我都是感到很温暖的。在茫茫通讯录里找到我，给我发消息，还是因为记挂啊，想维系甚至发展更多的可能。

04

我不是提倡我们不去交新的朋友，这是拦不住的，这是我们的天性，不用压抑自己的天性。但我们要遏制住内心的偏见——认为持续地交新朋友才是正常的。

如果你生活在一个健康的环境中，生活中遇到的烦恼和喜悦，甚至你的父母都有一堆朋友关心着。那么你就不用把交新朋友当成任务或者负担，这样你更容易收获长久的君子之交。这就是当很多人问我感觉到孤独了怎么办时，我提供的一个思路。

我们很多时候都是突然感觉到孤独的，无关某个事件，无关环境，就是在某一个时刻突然有了这种感觉。树倒猢狲散虽说偶有发生，但是我们相信不会发生在自己身上，你的老朋友们通常不会在一瞬间集体消失的，就算有的老朋友在忙，没有来得及及时回复你，也还是会有你一个消息就会弹起身来关心你的人，至少你还有亲人。

交新朋友之前，我不得不想起我的几个老朋友。狗年我坚信他们依然会在那里，言不由衷地说着不管我的死活，从不用客套的话来应付我，以最真实最直白的自己面对我。

　　把交新朋友这些规律，放在情侣之间也是相似的，把追求新鲜感以及在一起的日期时时挂在嘴边的情侣，感情多少还是有些脆弱的。

　　最后，哪个老友不是从新朋友做起来的呢？哪怕是青梅竹马，也多亏了那只主动伸出去构建友情的小手。

我们都可以孤单地正确生活

孤单是连续的，不孤单是间断的，不要去寻找
旷日持久的不孤单。

01

不论是在学校还是职场，有一个问题永远逃避不掉。
合群还是离群？孤单的生活正常吗？

你的宿舍可能有 4～6 个人，刚入学的时候你们吃
饭、上课，哪怕洗澡都是呼朋引伴，集体行动。但是后
来你发现你们有着不同的节奏：有的人习惯早起叮叮当
当，有的人习惯晚起，顶着鸡窝头就去上课；每个人都
有自己的隐私空间和兴趣，有的人喜欢韩星，而有的人
喜欢漫威（美国漫威漫画公司）。后来有些人就不再集体

行动了，但仍然有好多宿舍是集体行动的。这时你有些恐慌了，把这当成你被孤立或是不合群的先兆。

但我却不是这样想的。对于室友，就尽量谋求在生活习惯和日常交流的投合。因为这样的成本是最低的，你们可以一起出门一起打水一起学习，互相有个照应。但是，尽量谋求并不是强求。对于上课可以一起听讲，下课还可以互相讨论的学习伙伴，你们已经有了在学业上的共鸣，就可以进一步再谋求兴趣爱好上的契合。但如果没有，也不用强求。

记住：孤单永远是一个人生活的主旋律，穿插着生活中的过客。

02

在大学课堂中，你对永远坐在第一排或者第二排的人怎么看？

本科的时候，如果有我非常感兴趣的课，我就会坐在第二排，因为第一排要仰着脖子看黑板，很不舒服。在上课期间，全程和老师眼神交流，趁着老师喝水、切换 PPT 页面的时间写几句笔记，必要时还要开着录音笔或者拍照，课后发邮件联系老师。说实话，我都被这样勤奋刻苦的自己感动了。那个时候，大部分同学都坐在后面，玩手机甚至有带着笔记本电脑去课上玩的。那时候，我完全没有过类似于"完蛋，肯定会被大家嘲讽装学霸或者刷存在感期末蹭高分"的想法。而是注意到了另一个哥们，他坐在第三排还是靠窗的位置。有一次他问老师一个专业问题，我刚好也在旁边。后来我和他成了朋友，我们一起坐在第二排正中间，经常拦下专业课老师问各种各样的问题。我觉得我和他，我们两个人作为一个整体，是孤单的，也是正常的。

有一次他调课去别的班，第二排只剩我一个人孤单地坐着。我突然想，罢了，一个人的孤单也不是件坏事。不过是在听课这件事上，没有同学和你互动罢了（事实上，你应该和老师互动）。上课的时候需要合群吗？难道要和同学玩同一款手机游戏吗？

03

先吃完或打完饭的你，要等别人吗？

我是吃货，可以说得好听点——热爱生活并热衷于寻找多种可能性。上文提到的哥们，一开始我和他会在下课的时候一起去食堂打饭吃饭，但是我发现他吃得太慢了。

一周七天，天天都在二食堂的贵州风味窗口打饭，不知疲倦，而且吃得津津有味，但是他的吃饭速度堪忧。我很直白地和他说了，表示以后不能够经常和他一起吃饭，他表示了理解。

后来我买了电动摩托车，没事就骑出校门溜达找吃的，光烤冷面就找了不下十家。有一次游泳出来，我正要发动我的摩托车，突然看到另一个同学也在开他的摩托车，然后我们就交流上了。好像在南开校园里，摩托车不是韩国人就是送外卖的在骑，其他人很少骑。后来发现我和他的共同语言有很多。自从我发现他也是个爱溜达的人之后，我晚上撸串时，就会多叫一个人。但是他白天都泡在画室，而我在忙实验，所以白天没法和他一起出去。我们俩也是孤单的。没有女朋友不说，印象最深刻的是有一次去了五大道附近，突然天降大雪，我们两个人在大雪中骑了十五分钟回到学校，回来以后发现，我们的腿都要冻僵了，鼻子已经全红。

04

你去自习或者晨读的时候，想有人陪着你，还是想自己一个人？可能很多人不知道，越是爱说话的人，越容易被别人说的话干扰。

我是一个习惯边写边念，用语言加强记忆的人。所以很担心会干扰到别人，但是我更容易受到别人的干扰。所以我通常会找一间没什么人的自习室，如果实在找不到的话就在偏僻的走廊，边看边读，最后写下来。其实教学楼长长的走廊里，有不少像我这样的人，但是我们都保持着默契的距离。因为这时候孤单是一件必要的事，也是每个人坚守各自阵地的态度。

还有经常泡自习室的几位朋友，他们都需要考研，都是各自学习各自的课程，彼此也有不同的学习计划。只有到了晚上十一点，闭楼音乐响起的时候，会一起收拾书包，踩着月光回去休息。夜晚的路上没有多少人，这时他们是孤单的。到了教学楼，他们路过卖烤地瓜的小贩，买了热乎乎的地瓜，边走边说一些生活日常，或是从小卖部里买了几种酸奶，还互相鄙视对方口味清奇，或是聊一聊食堂二楼的糖醋排骨有多抢手。这时候的他们又不是孤单的。

当一个人需要努力的时候，就像是你坐在考研教室里，你最好在心理上是孤单的，这样才可以全情投入。当你的选择是小众或是与众不同的时候，你可以在这份孤单里，找到另一个孤单的人。或是一起孤单，或是在和他相遇的时候，多一分热闹。

05

　　听课的时候有伙伴 A，出去玩的时候有伙伴 B，在实验室的时候有伙伴 C，一起游泳或者打球的时候有伙伴 D，不用强求 A、B、C、D 是同一伙人，也不要强求 A、B、C、D 真的存在一定的数量，这样你的生活会轻松很多。

　　当你与世界独处的时候，你可能会觉得孤单，但是你不是一个孤单的人。你知道求同存异，也知道如何与自己相处。

　　孤单是连续的，不孤单是间断的。不要去寻找旷日持久的不孤单，共勉。

你强行融入群体的样子一点都不酷

> 对我而言，有些时候我需要做狮子，不随波逐流，自力更生。

01

在我很小的时候，就被灌输了一个观念：要开朗活泼，要外向交际，要合群。

而最近几年，我对一件事深信不疑：合不合群，从来都不是做成一件事的关键。

家长对于不合群的孩子，总是忧心忡忡的。家长首先会注意到，孩子不合群，会不会被人欺负，接着甚至会开始怀疑孩子的心理。老师则更不用说了，不和同学玩到一块的学生，连了解他的状况，都会难上好几倍，他们更喜欢拥有"该生活泼开朗，同学关系良好"这种评价的学生。

其实合群是选择群体，而不是担心被某个群体排斥、剥离。但是，现代社会总要淘汰弱者，就算你窝在不属于你的群体里，受苦受难的还是你。我很幸运，能够很自如地做到开朗活泼，小时候和父母一起逛街时，看到父母的朋友或是亲戚，都会第一时间去打招呼。所以从小就树立了一个"别人家的活泼合群、积极的孩子"的形象。见到老师时，也不只是腼腆地和老师打个招呼就走掉，从小学到大学，我可以和老师聊上很多，从学习聊到考试，从兴趣聊到特长。我现在在联络的朋友，既有一些大专甚至高考考了一百多分没有上大学的朋友，也有一些博士生导师、科研人员。我还算合群，但是我觉得这不是我能否做成一件事的关键。

平时我和男性朋友都是嘻嘻哈哈的，大家有各种动物类的外号，这没什么不好。直到我发现有些利益相关的事情，就像本应该是我们共同承担的实验和展示，很多人总是借着自己"能力不强"和"能者多劳"的借口，把工作都推给我。我既不是一个逆来顺受的人，也不是一个风风火火的人。经历过一两次温和的提醒之后，我知道就算把工作交给他们做，我也要返工，再修改一遍。而实验是没法修改的，但最终的分数，组员都是一样的。我不介意多承担一些，但是我介意被别人拉低了我的评价。我开始不介意突破现在的小群体，找一些有能力的女生，甚至找一些其他专业的朋友共同合作。有一回有一个三人一组的作业，我实在找不到想合作的人，就直接和老师申请一个人做。可能会有人在背地甚至当面说我自大狂妄，或是爱表现，又可能说我以自我为中心。可是我真的不想要这样毫无用处的合群。我们可以趁着春风，走遍城区的每一个角落去看看花和树，也可以转遍街角的各种小吃摊，去吃最地道的火锅，但是我要的合群，应该是我选择的，我喜欢的。

强留的群，强拉的群，都不是适合你的群。

02

另外，合群是一件高成本的事情。

住宿舍的女生，对女生集体行动是不是挺在意的？我读本科的时候，偶尔上大课，总能看到几个女生手挽着手，像抗洪一样并排走进教室。如果有四个人，还一定要找四连坐，或者其中有个人已经占了四个座位，喊其他人一起过来坐。她们有时候会掏出一盒面包，你一块、我一块地分着吃。自拍的时候，几个人挤在一起，对着镜头做出各种表情，并且会连续拍几十张照片，各种款式、各种造型应有尽有，真的是恨不得把前后两千万像素都一起用上。

你想过没有，如果每天早上不用集齐几个人再一起出发去教室，不用在食堂买好了饭四个人坐在一起了再开动，是不是还挺节省时间的？集体活动没什么不好，但总会有想要一个人待着的时候吧。当你有了离群的想法，你和其他人说："今天我想一个人回宿舍。"这时候几个好朋友说不定会嘘寒问暖，怀疑是不是你的心情不好，严重的时候甚至会怀疑你有"公主病"（指一些自信心过盛，要求获得公主般的待遇的女性）。而你只不过是想要静一静，想要思考，想放空一会。

所以别把合群当成不可打破的原则，不然你可能丧失无数个改变或是提升自己的机会。

03

Lily 应该是我认识的，罕见的，大学 C++ 上机之前，连 Word 等软件都不会操作的女生了。她来自某个互联网不发达的小村落，是家中的老大，有两个妹妹一个弟弟，她说她操作电脑只在中学罕见的几节电脑课上。很难想象吧，同龄人中会有像 Lily 这样背负着如此生活重担的人。

Lily 的想法一直很坚定：毕业就可以找到工作，先赚到钱让家庭负担少一点。我所在的专业是国家级基础学科专业：基础学科意味着本科不要想就业，就业也不太能赚到钱。Lily 大一时兼顾学习，又要在课余时间当家教，还和同宿舍的同学一起参加各种娱乐活动。一年过去了，她的成绩中等，连想转专业都没有资格。慢慢地，Lily 想通了，她开始不像其他成绩中等的同学一样，下了课就回宿舍看视频、打游戏，无所事事。她决定离群，大二时，她专门找过我。她说，当初军训，一起出板报时，我对她说的话她至今还记得。家庭这个负担，自然是早解决，就能早点追求真正想要的东西了。这一年，她依靠家教负担了大部分自己的费用，可是她发现这样的生活是难以为继的。在这样一个去了图书馆都要掏出手机玩一玩的群体，实在是没用。

Lily 没有选择跨专业考研，因为这将是一条更长的战线。她辅修了商学院的一个专业，趁着空闲的时间去找实习，学实打实的技能。毕业季的时候，她很顺利地通过校招，去了某外资企业。几天前，她和我说工作一年多了，她已经调动成部门组长了。而很多人在本职的岗位上做了很久都没有动静。然而这不是一个温馨、励志的鸡汤故事，背后仍有其他同学的议论。

"虚荣的代价就是累得半死""看不起我们专业就转啊""地道羊肉味英语，去外企实习不是要被笑掉大牙"……当初 Lily 以为离群是件很艰难的事情，然而当她下定决心去做的时候，发现其实没有想象中那么难。而当她间或听到这些评论时，也能很坦然地面对。以我对 Lily 的了解，她已经从那个焦急地问我该怎么办的女生，变成了一个打扮得体、笑容自信的职业女性了。她现在的朋友，更多是辅修和就业后，志同道合的朋友吧。

04

是不是要合群，这是没有答案的。简单点说，能合即合，合不了就一拍两散。

在这个瞬息万变的社会，每个人都有多重社会身份。社会地位也会迅速重构，如果总是想着和某些人在一个圈子里，反而得不到好处。

狮子和老虎向来都是独来独往的，只有狐狸跟狗才连群结党。今天的你，要做老虎还是狮子？合群还是特立独行，听从自己内心的感受吧。

对我而言，有些时候我需要做狮子，不随波逐流，自力更生；有些时候，我也宁愿和一帮狐朋狗友快意人生。但是可别弄反了，站在某个圈子边缘的你不孤单。

第四章

请把你的高标准，留给自己

那些让人反感的微信行为

微信的聊天可以是轻松的互怼，也可以是充满仪式感的问候与关照，或者是浓情蜜意的打情骂俏。但是大多数人还是需要遵循社交规则的普通朋友吧。

我认识一些专门写作的人，他们闭关赶稿之前都不忘发一条朋友圈：已卸载所有其他 App，有事微信或短信联系。因为微信还拥有一些短信所没有的功能，比如传输文件、细节性沟通等。可我还清楚地记得几年前看到的，是简单的八个字：本人闭关，短信联系。

如今，微信已经变成了广大人民群众无法割舍的通讯工具。之前头脑风暴了一番，和几位朋友讨论出以下 7 条令人反感的微信行为（排名不分先后，也未必适用于所有情况）。

列举这反感的 7 条微信行为，不为逞口舌之快，而是透过这种总结和反思，敲打自己，或是分享给朋友圈里告诉某些人，让他们自行对号入座。

1. 不太熟的人发来的连续不断的语音消息

不论是私人聊天，或是群聊，语音消息永远扮演了一个打断当前状态的角色。有些人甚至一条语音就是几十秒，并且连着发好几条。事实上，越是这样又多又长的语音，所能提供的信息反而越少。太多的车轱辘话，太多的语气词和铺垫的词汇，都要被挤压在这几十秒的语音消息里。如果这条语音消息不是闲话家常而是在传达一些要点，还必须记下来，如果这样的内容用文字表达不是会更精准吗？

语音消息适合的场合：已经知会并获得对方同意使用语音消息、私密和不想被截图记录的消息、特别情绪化的语句……

2. 上班或者上课时突如其来的语音或视频聊天邀请

不论手机是否处于静音状态，聊天邀请都会让手机震动或是响铃。这种时候如果不是紧急情况很容易打扰别人，而如果情况非常紧急，打电话才更能确保你找到对方。微信的聊天提示音是一成不变的，其悦耳程度相比各品牌手机自带的手机铃声，要难听好多。

同时有一部分人总是喜欢选择视频聊天，有时候接听了才发现是不熟悉的人发来的视频，这时候可能就会有点尴尬了，因为你可能刚睡醒，既没刷牙也没洗脸。有时候拒绝聊天邀请，对方还会发来"???"。突然的聊天邀请被拒绝是最正常不过的事情了，因为他可能在开会、在上课、在和别人聊天……发问号只会让人觉得既无礼又无奈。

语音/视频聊天适用的场合：约定好的会谈、亲密的人之间的交谈、非工作和学习时间的交流、骚扰并使对方对你反感（慎用）。

3. 一句话非要分十条发送，喜欢使用无用的表情包

我现在的手机模式基本都调在免打扰状态。因为在和很多年轻的、不到二十岁的朋友交流时，他们每条消息平均发出的字数为三个，要不就是两个表情符号加上不断轰炸的表情包，手机拿在手里像抽了筋似的不停震动。在正式或严肃，以及有多人参与的场合，尽可能地缩短消息的条数并一口气表述清楚所要表达的内容是一项基本技能。有一次我和家里的后辈说这件事，他反驳我，说："哪有那么多规矩，明明是你们长大了，就失去纯真了。"也许确实是这样。你没长大时，家人、朋友甚至陌生人都会包容你，但你总要长大，当你以后走向社

会，没有人有义务去包容你，你就会被别人选择甚至淘汰。

聊天消息、表情包使用的注意事项：尽可能精简消息，不要刷屏，表情包缓解尴尬时一张就够了，发七八张真的尴尬。

4. 聊天的时候有事只说"在吗"

这个世界上有这么一种人，他在八点整给你发了一条消息，消息通过网络信号传到你的手机。你把屏幕点亮，进入聊天界面，打出"在，怎么了？"时间是八点零一分。而那个人很久以后才回你一条消息，或者在你回复了之后就再也没和你说过话。其实单纯询问"在吗"并不是一件明智的事情。这种情况下，不想搭理你的人必然不会回复。而愿意回复你的人，久而久之也会被你搞得失去了好脾气。

不说"在吗"说什么：要联系别人，可以直接留言把事情说清楚。如果不方便，也可以直说"有一件关于学习或者工作的事情问你"。

5. 聊天的时候不见人，却在同一时间更新了朋友圈

这是一种拙劣的差异性对待。如果不想聊天，大可说"没有心情"或是直说"不太想说话"。聊天的时候不回复却在朋友圈更新了动态，其实这是一种"明目张

胆的已读不回"。有话直说，或是被别人发现了没读消息却发了朋友圈并不是什么尴尬的事情。说清楚情况就好，刻意地差别冷遇别人，是最让人反感的。

6. 在朋友圈疯狂刷屏

你的朋友圈有没有充斥着这样的动态：微商的产品介绍、拉投票、过度秀恩爱、晒鸡汤文字和千篇一律的自拍，或是转发一些一眼就能看破的谣言，或是诅咒……

对于朋友圈发照片，我的态度很简单：想和家人朋友分享自己现在的样子。一张照片不仅仅是五官的排列组合，更是现阶段精神状态的反映。作为一个男性成年人，把自拍照单独发给父母或者亲友总是不合适的，朋友圈就提供了一个出口。朋友圈的内容贵精不贵多，它可以是你的兴趣，可以是你某一刻决堤的情绪，也可以是你成功的喜悦，最好是真实的你。

7. 强行拉别人进群

如果说转发广告和投票，这还只是个人的事情。那么当我真的遇到建了一个百人群来发广告的，我大概会退群。可是最尴尬的情况是：你被强行拉进了一个不相关的群，但是群里又有一些朋友或是领导上级。此时连潜水都是种不敬，偶尔要冒泡，发一下言。退出实在是不方便，而且会十分尴尬。就算是设置成消息免打扰，还是会一直顶上聊天页面顶端，可以说是相当苦恼了。可以退出的群不用碍着面子不退，和邀请者说明白你不喜欢这样的行为就行了。其他的群，就需要好好找一个平衡了，毕竟我们都是社会中的人，人情世故还是要懂一些的。

微信的聊天可以是轻松的互怼，也可以是充满仪式感的问候与关照，或者是浓情蜜意的打情骂俏。但是大多数人还是需要遵循社交规则的普通朋友吧。

那些爱说别人坏话的人

有些是非不是人言可以搬弄的，有些被搬弄的是非也是可以还原真相的。而你通过正当竞争无法超越我，转而使用"坏话"这种招数时，你就已经输了。

01

大家都讨厌爱说别人坏话的人。不论你是谁，当你说出主观性太强的坏话时，你就注定失去了光环，成了一个被好恶支配身体的庸人。因此我建议大家不要在公开场合说别人的坏话。

爱传坏话的人比说坏话的人更让人讨厌，这种人一定是非蠢即坏的。蠢：如果你传的坏话，是我本身就知道的，那么何必戳穿这层窗户纸呢？换言之，我被多少人诋毁，他们背后说什么我会不知道吗？还需要你赘述？

坏：如果说我坏话的人，在我的预料之外，那拿这件事曝光给我的人，反而更像是作壁上观，是在看好戏。

高中的时候，我在的班级特别团结，氛围也非常非常的好，但是有一个男生和隔壁班的每个人仿佛都很熟。言谈通常都是"四班的谁谁谁怎么样……"终于有一天，他神秘兮兮地走到我身边，轻轻地对我说："刚刚我听四班有人说三班班长特别爱装。"真不巧，我就是三班班长本人。他刚说完，我还没反应过来，我同桌已经声如洪钟，大声地添油加醋道："谁？哪个四班同学说三班班长爱装的，你告诉我名字，我去找他算账！咱们三班不能这么被欺负，这事可不能就这么过去了！"

略显安静的教室使大家都听见了这句话，大家都激动起来，纷纷质问起这位"大喇叭"同学。"你说，到底是谁，我们三班招惹四班什么了？""大喇叭"涨红了脸，忙说："没什么，瞎说的，瞎说的。"大家仍然不买账，质问"大喇叭"为什么天天跑火车搬弄是非。很长一段时间，都没什么人愿意和"大喇叭"走得近，不是他说的话有多难听。而是你的大事小事公事私事，无一例外，但凡他知道了，都能被他迅速传播开。

所以，当有人告诉你，有人讲你的坏话时。第一步是质疑这个传话的人，不要受到他的挑拨。第二步是从这个传话人的口中，知道坏话的来源，处理掉。毕竟，真的为你好的朋友，不会单单只做传话这一件事的。很可能他已经帮你找到了坏话的源头，而且愿意帮助你摆平那帮人。

02

有人说你的坏话了，煞有其事地反击，并不是最优的选择。我的建议是不要正面与说坏话者产生冲突。因为他讲话的场合不一定是为人所知的，这样你反而可能会被扣上玻璃心的帽子。但是反击肯定是有必要的，只是反击的方式是有很大讲究的。不要正面辩解，应该侧面回应，避其锋芒。

姗姗有一个周末出去玩，两个晚上都不在宿舍，回宿舍的时候，手里提了一些新买的衣服，然后姗姗同学就光荣躺枪了，成为广大好事群众口中被包养的女大学生。事实上是她爸妈开车去北京办事，顺道路过天津把她接去玩了而已，回来的时候给闺女买了几件新衣服罢了。姗姗和我们几个朋友讨论，我给她的建议很简单，不要正面回应，而是从侧面捎带一提。这表明，我想要声明的事情，都是不值得在意的小事。于是她发了一条这样朋友圈：周末和爸妈一起去帝都，帝都早餐的煎饼果子和天津的口味不大一样。正当我要吐槽帝都煎饼果子外表奇奇怪怪时，突然想到，不了解就不要妄下断论，帝都煎饼果子其实是另一番味道。

有用吗？我觉得对于半信半疑的吃瓜群众来说，这样的解释有用。而对于别有用心的造谣生事者来说，别无他法，只能用赤裸裸的现实证据甩到他脸上。

03

相比之下，高进阶版本的坏话经常让人在半信半疑中饱受折磨。她们居然当面和我说了某某的坏话，怎么办？我到底信还是不信？

最近学院新招了一些博士生，其中有一位姑娘小兰，在我们楼层的实验室轮转。轮转的意思就是轮流在各个感兴趣的实验室待上一段时间，再作最终的选择和决定。我很好奇系里的一些技术人员会怎么评价各位老师，就问小兰：

——她们没有说你要去的那个实验室哪儿不好吗？

——没有明说，只是说我去了那个实验室之后会很难熬。

这可以说是意味深长的高进阶版本的坏话了。这类坏话最大的特点就是：言有尽而意无穷，不给对方还击的点。仔细想想，有没有遇见这样一种情况，比如说当几个人聚在一起小声讨论事情的时候，其中一两个人的目光总会落在你身上，然后迅速转移开？而当你上前询问"聊什么呢，那么开心"时，通常他们会说"没什么没什么"。如果你是暴脾气的人，你可以说，没什么，你就管住你的眼，别瞎瞟来瞟去的。如果你不是那么犀利的人，你可以说，我懂的，多大点儿事。

当别人和你说一些你一无所知的坏事时，我们反而应该摒弃他们提供的观点。

我很小的时候就被老爸教育："当一个人和你有利害关系时，他的话就更需要谨慎听取。"正因为小兰打算选择其他人的实验室，那些技术人员才会和小兰说一些似有似无的坏话。说不定小兰会因为感谢他们提供的信息从而选择他们的实验室。而据我所知小兰想要去的那个实验室，并没有什么不好的地方。而我和小兰没有什么利害关系，所以我会告诉小兰我知道的关于那个实验室所有客观的信息。

　　有利害关系（包括合作或是竞争者）的人都会有有意无意地在观点中表达自己的倾向。哪怕是最亲密的家人也可能因为过度保护，去说一些善意的谎话、坏话。

　　最后，我想送给那些爱说别人坏话的人一句话：有些是非不是人言可以搬弄的，有些被搬弄的是非也是可以还原真相的。而你通过正当竞争无法超越我，转而使用"坏话"这种招数时，你已经输了。

我的生活不需要别人定义

我们都讨厌被人定义,讨厌按照标签上的规则活着,不是吗?

01

和他人沟通时,总有人说,"你们年轻人啊""你们90后啊",然后列举无数条因循守旧的思想观念和行为准则,这个时候我一点也不想听,甚至连礼貌的表情都想收回去。大家都明白,讲道理应该避免人身攻击。我认为讲道理之前应该先避免瞎扯淡似的定义。年长一些的人,越是不占理,越是占不到说话的时机,就越是爱用不可名状、恨铁不成钢的语气说"你们年轻人……",仿佛你这么说了,年轻人会就被定义成油盐不进还随时冲撞的人群了。也对，如果你真的反驳得激烈一些，那你就真的是一个油盐不进的人了。我把它命名成"班主任悖论"。它是我们成长中不可避免的问题。

高考前的某一天，班主任勃然大怒："×××，就你这个样子，能考上一本简直是天方夜谭！"当高考之后，若×××考上了一本，班主任就会得意地说："当初我的激将法奏效了，一般人我都不爱用激将法来刺激他，还不是看你小子有潜力。"而如果×××没考上一本，班主任可能会叹一口气，然后说："你看我当初怎么说的，人的劣根性啊，之前多听我的劝就好了。"是不是看起来很无解，无论结局是怎么样的，班主任总能做到成功地定义你。

02

"班主任悖论"其实反而是最好解决的：拒绝他的定义，并忽视他给你带来的所有反面效果。

我高中时读的是学校里的火箭班，因为在高一结束分科的时候要重新分班，势必会有人因为排名的原因落在后面，分班的时候分到普通班去。

晓婷是很努力的一个人，是那种平时一言不发，课间的大多数时候是坐在自己的座位上学习的那种女生。但是第一次期中考试她考得很不理想，所以任凭后面几次大考取得不俗的成绩，她也注定和理科火箭班无缘了。我无法想象晓婷是怀着什么样的心情把书本物件搬到楼上普通班的。对她的新同学而言，她可是火箭班下来的，不知道话里到底是艳羡还是讥讽……好在晓婷是个不动声色的人。

我和晓婷放学顺路，放学的路上有一段很长的上坡路，有些女生难以骑上去，就会下来推着。我通常的做法是提前冲刺，生怕半途加不上速。

我经常看到晓婷骑着她的那辆淑女车，暗暗使劲往坡上缓慢移动，像极了《蜗牛》歌词：我要一步一步往上爬。终于有一次我压抑不住心中的恶作剧之魂，高速冲到晓婷附近，使出全身的力气猛推她的书包。把大部分的动力都传递给了她，她的速度一下就上去了。突然被推了一把，晓婷叫了出来，可是没出去几米，她反而刹车停下来了。我慢慢蹬上坡时，发现晓婷站着在等我，我说："那我不是白推你了！"晓婷却说："班长我们推着车聊聊吧，我想和你聊聊现在的状态。"

"班长，分班后，你觉得我在普通班，会就此泯然众人吗？"

"我们本来就是普通人，无论在哪里，日子久了只会更客观地把我们的真实水平反映出来。"

"那，班长觉得我是什么样的人？"

"你是一个很努力的人，我也是。对于现阶段的我们而言，努力是很值得的，说实话只是在普通班而已，没有你想得那么严重。"

"可是，我觉得老师讲的题目都比较基础，我怕自己很难在难题上有优势了。"

"我知道你的三门主科老师以前都教过火箭班。你知道吗，很多很多普通班的老师都带过火箭班。大多时候不是名师成就了火箭班，而是火箭班让老师变成了名师。"

要在下个岔路口道别时，我说："即便我在火箭班，我也觉得老师讲得东西很浅，所以大部分时间我要自己去看自己去做，再私下消化，不懂的问题就问老师。我觉得和你在普通班，没什么两样。只有你自己能决定自己未来的样子。"

经过高二一年的进步，晓婷高三的时候简直开挂，甩开他们班级第二几十分。成了火箭班优生以外出了名的"野路子好学生"，不卑不亢地开出了属于自己的一朵花。她每次坐在前三考场（前一百名），高考也考到了某个985学校。再聚会的时候，她和两个班级的朋友都交流得很好。

其实在毕业后很久，我才偷偷摸摸地和任课老师确认了：很多很多普通班的老师确实都带过火箭班，然而那时的我只是说出这些话宽慰她而已。

03

人总是在变化的，所以能定义自己的也就只有自己。我以前不爱运动，喜欢棋类多一些。而在我爱上跑步、游泳和健身后，当我有一天我红着脸、顶着一头汗回到宿舍时，当我有一天就算做完实验只有一个半小时的时间也要换衣服去游泳时，我突然发现自己变成了一个以运动为乐的人了。

以前我在南开的宿舍住的时候，物品出奇的全，因此也比较乱，整个楼层都找我借双面胶、订书机或是牙疼药。但是现在我住的单人间一切都标好了标签，归纳整理得井井有条。我妈再也没有理由说我住的像狗窝了。那些说以前和现在，我都没有变过的，其实是在妄下断论，即轻易定义一个人的品格。因为，我们都讨厌被人定义，讨厌按照标签上的规则活着，不是吗？

以前的朋友经常会说，痕量，你以前是怎样怎样的，会怎么样怎么样做。我会说，你不可能认识同一个痕量两次。

我的梦想有点幼稚，但你别随便点评行不行

其实真正的幼稚只有一种，那就是按照别人规定的方式来生活。当你打破这道被制造出来的藩篱，任何被别人嘲笑的幼稚，其实都并不幼稚。

01

高中的时候，我特别喜欢去一家小饭馆，那家饭馆的老板高高瘦瘦，留着长长的头发，十分有艺术家的气息。

他家的菜很有意思。一盘青椒肉丝十二块，老板也要摆个盘，按照米其林星级餐厅的做法，摆到一个超级大的长方形盘子里，用汤汁淋出一道曲线，然后在旁边用葱花和胡萝卜摆一个小造型。老板娘调侃着说："他这

是瞎讲究。"我问老板："这么费工夫干什么，一道菜卖这么便宜，没必要呀。"老板取下厨师帽，抿了一口茶，想了想说："我也有一个大厨梦啊。"

02

以前我一直以为，世界上所有的梦想都会被尊重，直到在大学里遇见了一个同学。在还没熟络起来的时候，他问我以后想做什么。我很诚实地说，我想当作家。他仿佛看到了什么奇怪物种，用一种极度夸张的语气对我说："你？你一个理科试点班的，想当作家？"对于他来说，这可能是天方夜谭，如此不可思议。但对于我来讲，是我真真切切想要做的事情。因此，我并没有回答他，他可能永远也理解不了，为什么一个理科生会有一个当作家的梦想。

更奇葩的事情还在后面。因为是同学，总是免不了要见面。每一次和他同时出现的时候，他都会以一种揶揄的口气调侃道："大作家，有书出版了吗？"

我听到这句话并不是很开心，因为他的语气隐隐透露着不屑和鄙夷。我很想对他说，关你什么事，但最后还是乖乖忍住了。我假装没听见，然后暗暗告诉自己要努力，不要把世界让给这些只会嘲笑别人梦想的人，要用实际行动证明给他们看。

03

笑笑是我的大学同学，人如其名，特别爱笑。她最大的梦想，是成为一名插画师。也因为这个梦想，她遇见过特别多想要给她"建议"的人。"画画多不稳定啊，你最好还是去考个公务员。"她的一个不知道哪冒出来的亲戚说。"我看过你画的东西，说实话，我觉得你真没天赋。"说这话的朋友，只看过一幅她很久以前的素描。"你以后画画也行，但你研究生还是得去读金融。"这是来自一个学长的忠告。

她说她每一次听到这些话，心里都会有一种说不出来的难受，感觉堵得慌。

她是一个很乐观的女生，但面对外人的这些言论，仍然不免会感到沮丧。

我理解她的感受。这个世界上，有无数的伤害，都是打着"我是对你好，你怎么不听我的"的旗号。要是真对我好，为什么不愿意多理解一下我呢？

这个世界上，是有一些像我们这样的人的，固执地相信有些梦是值得用一生去追求的。那个梦想,就是我们心中的城堡。我见过自己心中的那个城堡,就再也不甘心在城堡外生活一辈子了。

如果条件允许的话,就大胆去追吧,不要听这世界上各种喧嚣的声音,倾听你自己内心的声音,毕竟人总得为自己活一次!

04

我认识的一个朋友,去年辞掉了做咨询的高薪工作,说要去创业。旁人都以为她可能要去做金融、做互联网,再不济也是一个留学中介吧,结果她开面包店去了。她想要打造一个属于自己的面包品牌。所有人都觉得她疯了,放弃这么好的工作,去做这么不靠谱的一件事,绝对是弊大于利的。但梦想和喜欢上一个人是一个道理,那个真正值得的梦想,会令你甘愿放弃自己已经拥有的东西。当然,不一定所有的梦想都是对的,所有的梦想也不一定最后都能实现。有些梦想注定只会是泡泡,在现实面前轻易地就破碎了。但我们还是渴望,这个精致的泡泡,破灭得慢一点。不是吗?虽然有无数失败的可能,虽然有一条安逸的路可以选,但是,有时候,拥有一个幼稚的梦想，却比拥有金钱和权力让人快乐得多。

我们都有过幼稚的心愿，不是吗？

下一次，如果你问我梦想是什么，我可以坦然地告诉你，但也麻烦你也对我的梦想好点儿，我不想让它受到任何的伤害。其实真正的幼稚只有一种，那就是按照别人规定的方式来生活。当你打破这道被制造出来的藩篱，任何被别人嘲笑的幼稚，其实都并不幼稚。

第五章

你只有非常努力，
才能看起来毫不费力

选了不轻松的路，我心甘情愿

> 这个世界上有很多艰难的路，但唯有走在这条路上，才配得上你的野心。

01

我们每大都要做特别多的选择。吃小龙虾还是红烧肉，吃糖醋排骨还是口水鸡，吃麻辣烫还是过桥米线。在这些吃的选项里面一定要挑一个，这和在一大堆包包里只能买一个，在好多好多衣服里只能选一件一样，可以说一样艰难了。但很奇妙的是，有好一阵子，我面对这么多美食，最后毅然决然地选择了蔬菜沙拉。沙拉热量低，维生素富足，除了难吃，哪哪都是优点。可作为食物如果难吃，有这么多其他优点又有什么意义呢？但我还是坚持吃蔬菜沙拉。因为那阵子，我在减肥。

我一直觉得，食物是绝大部分人生经验的缩影，有很多我们知道的大道理都可以在"吃"这件事上找到对应的答案。就像当我选择蔬菜沙拉，而不是很美味的烤五花肉时，能体验到的口腹的快感显然减少了许多。我心里清楚，每多吃一顿烧烤，就意味着我要在跑步机上多锻炼三十分钟才能消耗掉这些热量，那这就意味着我需要更多的时间才能把体脂减下来。

世界上的绝大部分选择，都是这样，都特别公平——要想做成一件事情，你就不得不在另一件事上有所牺牲。我们都还年轻，渴望收获的不仅仅是一碗红烧肉，不是吗？

02

没有哪种值得过的人生，是毫不费劲的。

我有一个朋友郭子，在他小的时候，他最大的梦想就是开一个电玩城。他说，这样每天都有街机可以玩，还可以添置上齐齐的一排娃娃机，再在吧台那里放上各种好喝的泡泡汽水。很多人小时候可能都会有类似的心愿，但长大之后，才知道开电玩城是一项多么不靠谱的工作，最后只能将这个小小的梦想冰冻。但郭子真的开起了电玩城。借钱、贷款，在创业的初期，谈设备、监督装修、招揽客户都是他一个人在做。那几个月，他每天只睡三四个小时，整天忙着构思如何宣传，如何推广，很多时候就直接在店里面的小隔间里打个盹儿。累得睁不开眼睛，就把咖啡当水喝，两个月下来，瘦了二十斤。后来，生意逐渐变好，电玩城的收益也越来越高，有很多人愿意出钱和他合伙，他就把生意做得越来越大。前几天回国的时候，他正在忙着开分店。他对我说，这一路走来很不容易，但他欣然于此。听到这样的成功故事，我们都不免心生羡意。其实，是我们自己选择踏上了什么样的路途，成为什么样的人。

03

我认识一个做设计的姑娘，她爸妈特别想让她回家考公务员。她自己也承认，那可能是一条相对轻松的路。但是选择这条轻松的路，就意味着她要告别她想要成为的人——她手机里存着的好几位著名设计师的照片，就是她一路的动力。

她住在合租的房子里，她的房间不大，就十平方米左右。她爸妈和她说："回来吧，在北京多累，回家有一百八十平方米的大房子住呢。"她说："我一点都不怕累，我只是怕我的梦被砸坏了。"听上去有几分矫情，但我完全理解她的心情。

理想就像是一颗脆弱不堪的种子，它扎根、发芽，每一步都需要花费好长好长的时间。在暴风雨面前，如果我们自己先逃了，先溃不成军，先躲到一个屋子里避难，那这个种子，就彻底毁掉了，可能我们很多年后再也无法找到它的踪影，那这片土地里，就再也长不出一棵郁郁葱葱的大树，就再也不会有一片茂盛无比的森林了。

这个世界上有很多艰难的路，但唯有走在这条路上，才配得上你的野心，你才能在很多年后，骄傲地说："这一路走来，我心甘情愿。"如果想要拾得光泽润美的海螺，就要面对大海汹涌不息的浪潮，不是吗？杨宗纬的一首歌里面有这样一句歌词：是因为还有那么一点在乎，才执着这段旅途。

我想把这句话送给你。

你凭什么以为全世界都要爱你

别人给你的爱，是靠你自己挣来的。

01

最近，一个很久没联系的朋友，突然在微信上找我。他说他想拍电影，然后便给我讲了半个小时他的电影梦。我说，哦。他看我没有被他的激情点燃，便继续给我讲，讲他的电影构想是多么宏伟，讲他的想法是多么独特。我说，哦。

"我拍电影，你能借我点钱吗？"绕了半天，终于绕到点子上了。我没有拒绝他，而是认真地问他："你拍过短片练手吗？你有过拍摄经验吗？你做了哪些前期的准备工作？"他支支吾吾一阵子之后，给我看了一个他拍摄的短片。看完之后，我建议他把这个计划往后放一放。当然最后我也没有借钱给他。聊到最后，他阴阳怪气地甩了一句："你有什么了不起，老朋友的梦想都不照顾下。还以为我们的交情不错。"我真的很无语。就因为你有梦想，所以我就要心甘情愿地对你好？

你有梦想很好，但要获得别人的支持，至少需要展示一下你的实力吧，让别人知道你的梦想是值得支持的。

02

我有一个女同学，刚加上她男神的微信的时候，兴奋得一宿没睡着。"我的男神加我了！""他发了一条想吃冰激凌的朋友圈，你说我要不要主动约他！""他最近好像失恋了，我应不应该去安慰他？"她兴奋地给我发了一张她男神的照片，身材不错，长得像吴彦祖。本来以为这段荷尔蒙情怀会就此告一段落。但没想到过了两三天，她就跑来向我哭诉。她说她很难受。她给男神发晚安，男神都不理她。她问男神要不要一起去吃口水鸡，男神也没理她。她说最近新上了一部电影，问男神要不要一起去看。男神终于回复了："不好意思啊，不去。"

"你说，他不喜欢我，为什么就不能明确点拒绝我呢?"姑娘哭得梨花带雨。我的天啊，他都不回你消息了，好吗? 这个拒绝还不够明确吗? 当然话不能这么直说，否则这姑娘该和我绝交了。我一边给她递纸巾，一边很理智地问她:"那你想他怎么拒绝你?"她迟疑了一下，不哭了。"我当然不是希望他拒绝我，而是想让他也说点好听的啊。这有错吗?"这当然没错。但问题是，大家都这么忙，任何一段感情，没有经过势均力敌的较量，又怎么能奢求对方对你抱有同样的爱意? 你心目中的男神女神，他们也会遇见很多优秀的人，他们也希望和那些人做朋友，做恋人。

这个世界，不是你想怎么样就可以怎么样的，多的是爱而不得、放而不舍的人。

03

和我蛮熟的一个小姐姐，前几天她和自己喜欢的男生结婚了。她现在生活得很好，身边有很多要好的朋友，事业也蒸蒸日上。可我知道的是，四年前，她前男友劈腿，那个时候她万念俱灰，安眠药都准备好了。是我拦住，她才没有自杀成。那个时候，她不会打扮自己，连基本的护肤产品也不用。她的理由是，省下的钱给男朋友攒着，只要男朋友对自己好就行了。她男友呢，最后还是劈腿了。她发现男友劈腿的时候，她男友竟然理直气壮地说："你也不照照镜子，我凭什么还爱你？"

从自己喜欢的人嘴里说出的这句话，是她想要自杀的全部理由。经过了那段最难熬的失恋期之后，她好像变了个人。她在工作上变得更加上进，加班加到很晚，仿佛有用不完的干劲。她开始有意识地拓宽自己的社交圈，搭建人脉，从一个小职员变成了公司的骨干。她还开始把自己打扮得漂漂亮亮，从一个连口红色号都认不全的女生，变成了一个美妆达人。"我依然相信爱情，我依然相信会有一个人专程为我而来，他会爱我，会包容我。但在这之前，我要变得更加优秀。"这是她对我说的话。所以，看到她婚礼上笑得那么开心，我在心里默默地祝福她。

这一切，都是你应得的。

04

昨天在去做实验的路上，碰见一个师兄。他对我说："痕量，感觉你最近好拼，别太累了。"这是什么话，我什么时候怕累过。我只是想收获再多一点的掌声，赢得再多一点的喜欢，让自己更加优秀一点而已。从小到大，别人对我的喜欢，都是靠我一点一点挣来的。

现在经常会有人就我的外表夸奖我，但只有我自己知道，用半年的时间减掉30斤的体重是一个多么难熬的过程。那段日子，每天只能吃鸡胸肉和三文鱼。看到甜点就像饿狼一样，但还是强迫自己要忍住。那段日子，我跑步跑废了三双鞋。在健身房锻炼的时候感觉生不如死，但还是咬牙坚持着。直到有一天突然发现，曾经看到跑道就头疼的我，现在可以轻松地完成半个马拉松的路程。只有我自己知道，现在的一切，是怎么来的。辛苦吗？辛苦。但一丁点儿都不委屈。因为这个世界就是这样啊。如果你自己不变得更加优秀，凭什么期待全世界都来爱你？同时，这个世界也有它独特的温暖之处啊。因为，当你强大起来的时候，你会发现，即便全世界没有人爱你，你也会努力爱自己。这样残酷，又这样温暖——真是一场公平至极的游戏。

其实世界上大部分的事情，不都是这样吗？想想看，如果全世界的喜欢都来得这么随便，那它凭什么珍贵？正是因为这份喜欢，要靠我们自己一点一点挣，所以它才是无比重要的。所以，如果觉得这个世界不够爱你，就自己穿上铠甲，冲锋陷阵。总有一天，你会赢得属于你的爱。

无数种可能的人生里，别怕有几种不可能

人生有很多种可能，至少有一种是你想拥有的，而事在人为，相信你能成功的，第一个人应该是你自己。

01

经常会有人在微博私信我说，摆在他面前有一条充满挑战的路，或者是从一个已经厌烦的公司跳槽，或者是逃离一个全然不感兴趣的专业，或者是开始一段可能会失败的异地恋。而他不知道到底要不要选——因为这条路走下去，可能太难了。

似乎我们的人生充满着各种各样的可能性，但每一种可能性之后，都藏着不同程度的危机。那些你越想要

去做的事情,其背后的危机往往就越大。之前知乎有一个问题,问的是:那些鼓励人生无限可能性的人后来怎么样了?这里面的一些回答让我有些触动。更多时候,我们只在意了眼前脚下这条近乎不可能的路,或忧伤,或彷徨,而忽略了人生有无数种可能,路的中间也可能有各种变数。

02

　　小的时候,我家附近开了一家蹄花店,去吃过几次,感觉味道平平,以为全世界的猪蹄都差不多是这样的。直到后来有一次,我到四川吃了一碗正宗的老妈蹄花。那一次之后我才知道蹄花可以美味到这个地步。我已经忘了那家店在哪儿,但还能回忆起那个味道。端上来的蹄花炖得又软又烂,油脂全化了融进汤里,猪蹄弹嫩绸滑,柔香四溢,和豌豆一起浸在浓浓的汤汁里。猪蹄可以蘸一点辣椒酱,配上一口浓郁的香汤和绵软的豆,简直太好吃了。如果我没有吃过那碗蹄花,我可能会一直保持小时候的偏见,可能永远都想象不到:原来蹄花可以这么好吃!

　　那么,尝到那份蹄花,真的重要吗?如果你从来没有尝试过，从来没有改变过，或许那对于你来讲谈不上重要或不重要。但是只要你尝试过这样一次，哪怕只有一次，你就会明白一个道理：只有当你去试了，你才知道你最期待的事物是什么样子的。在试过无数可能之前，你永远不会知道自己热爱的是什么。

吴彦祖原来是学建筑的，当年他从美国俄勒冈大学建筑系毕业的时候，以为自己会当一辈子的建筑师。当然后来没有做建筑师——在他做演员很多年之后，某次他接受媒体采访的时候说："我有很多同学，上班后就变得对建筑没有热情了，最初在事务所里，可能不是你在创造，等你爬到能创造的位置，可能要十几年。我有个朋友在一个建筑公司，两年时间都在画大厦的窗子，他读书的时候是非常优秀的学生，我觉得很可惜，为什么要变成这样？那时候我跟自己说，我不要变成这样，不要变成上班的机器人。"如果他当时选择成为一名建筑师，那荧幕上就会少一个出色的演员了。

03

其实很多时候，安稳是一针麻醉剂。但你真的相信，有永远安稳的生活吗？

想想看，如果你在 20 岁的时候选择了一个轻松的工作，在一个不起眼的岗位上混混日子，到了 30 岁，你可能会在办公室政治中费尽心力，在单调重复的劳动中享受安稳的快乐。可那其实不是安稳，只是麻木罢了。所以当你纠结要不要重新走一条富有挑战性的路时，其实本质上是你需要想清楚，你相不相信在日复一日的疲惫生活之外，还有一种可以称之为理想的东西，它是一盏不太亮的灯，但可以照耀你走一条崎岖些的路，这条路走下去，能收获无数精彩纷呈的风景。

当年在台北星光的一个选秀节目里，周杰伦唱了自己最得意的一首歌，却承受了台下观众的一片嘘声。后来周杰伦跑到吴宗宪那里，吴宗宪把他写的《眼泪知道》推荐给刘德华，刘德华毫不犹豫地拒绝了。于是吴宗宪又把《双节棍》推荐给张惠妹，张惠妹也拒绝掉了。最后，吴宗宪将周杰伦叫到办公室，十分郑重地说："阿伦，你最后的一个机会是有 10 天时间，如果你能写出 50 首歌，而我可以从中挑出 10 首，那我就帮你出唱片。"这张唱片，就是之后横扫各大金曲榜的《JAY》。可回过头来看，这个过程一点都不轻松。

那个时候的周杰伦，除了自己的才华以外（虽然那个时候其他音乐人都看不上），连一点点底牌都没有。甚至没有音乐人觉得他的音乐是"正确的",没有人理解他的曲风,没有人看好他做的音乐形式。他没有退路了,唯一的退路,就是回到当初打工的餐厅再去做服务生,但他并不认为这是一条退路。可世界上的事情,最奇怪的一点就在于如果真的有退路,往往成就不了什么惊艳的结局。因为只要有退路,就不会全力付出,就算不这样过还可以那样过,最终只会以得过且过收场。

那些真正的可能性,其实都是被创造出来的。这个过程中,固然会有很多焦虑,会想要放弃,会经历很多自我怀疑的阶段,但这就是一个人变成熟的过程。

我不是鼓吹你放弃现在的生活,去过一种你从来没有经历过的生活。只是如果你发现了自己有某些热爱,就像我一样,可能你吃一次老妈蹄花也会爱上,那如果想试,为什么不试一次呢?如果活了几十年都没有挑战,没有一点刺激和惊险,岂不是很浪费人生这张门票?

就拿我自己来说吧,我也在不断地尝试。

因为想瘦下来,坚持健身。

因为想当作家,坚持写作。

……

04

　　写作，谈不上有太多准确的目标，但我还是坚持这样做。做实验和健身之后虽然身体特别疲惫，但还是尽量抽时间写一些文字，一方面是不断打磨自己的语言，另外一方面也是不断归纳总结以往的经验。以此来训练自己的思维，督促自己保持思考的状态。

　　想要更加自律，就要调整好自己的作息，我以前有一些坏习惯，比如，喜欢在床上躺着玩手机，对皮肤管理总是不上心，容易暴饮暴食，但现在这些坏习惯都慢慢改掉了。现在的我，每天坚持列计划表，把每天的时间都好好规划；设定了雷打不动的健身时间和整理屋子的时间；不再每天躺在床上玩很久的手机，每天晚上上床之前都会把手机放在离床很远的地方，强制入睡；控制自己的饮食，合理安排每天摄入的卡路里，不再为了塑形饿一顿，然后又在之后暴饮暴食。我也不知道最后自己会做成什么样子，但是我仍然保持了无限的好奇心和无限的期待，希望能够成为一个更独特的我。很少有人年少成功，并且在以后的岁月里一如既往。

　　年轻的朋友，可能我们在二三十年以后才真正发现

自己的人生志趣。但即便到那时，我也不觉得晚。因为
在那之前我尝试了许多许多的可能性，也放弃了若干不
可能。人生有无数的可能性，而这无数可能性中藏着一
种极为关键的可能性，那就是成为你想成为的人。人生
有很多种可能，至少有一种是你想拥有的，而事在人为，
相信你能成功的，第一个人应该是你自己。

我想逃离这个世界，但又必须熬下去

《那个杀手不太冷》里面，有一段很经典的台词：

——生活总是这么艰难吗？还是仅仅小时候是这样？

——一直如此。

01

桃子去年考研失败，她决定再战，所以在学校附近租了个房子，和同样考研失败的同学一起，准备今年继续考。她同学租的是一个单间，1800 元一个月，她没钱，租的是一个隔断，1300 元一个月。因为租的是隔断，晚上总睡得不是特别好，很容易被其他租客的动静吵醒。她想了不少办法，比如一旦被吵醒，就开灯背书，直到背到倒下去就能睡着为止。

她的床头堆满了各种各样的教辅资料，每当她想要放弃的时候，她就给自己写一个小纸条，告诉自己一定要继续坚持下去。她每天六点钟起床，到学校的教学楼上自习，室友和她一起考研，因此也算有一个伴。有时候到晚上，在关掉灯之后，她也想过逃跑，告诉自己别考了。可是逃又能逃到哪里去？难道随便找个工作？想到自己对传播学是真的感兴趣，如果自己的学术生涯就这样终结，未免有些心不甘。她想到这儿，赶紧去冲个澡，然后乖乖睡觉。第二天六点钟的闹铃一响，又要开始新的战斗。

02

莉莉安回到家中的时候，刚好收到室友的微信。室友告诉她，今晚和男朋友出去，不回来了。莉莉安叹了叹气，然后打开冰箱门，从里面拿出一小盒泡菜，再从储物柜里翻出一包方便面。她烧上热水，再把电视的音量开到最大，希望能够盖住夜晚的寂静。房间里回荡着综艺节目嘻嘻哈哈的爆笑声，她边玩手机边听着这些精心策划的段子和故事，但这却一点都不能让莉莉安感到快乐。电视里的那些人，仿佛是存在于另一个世界的。

水的沸腾声让这个房间有了一点生活的气息。她把方便面泡上，然后打开了一个美食主播的直播，看着手机屏幕的那一头，直播的女生吃掉了32碗炸酱面。

吃完了泡面，她无聊地翻了翻手机，发现最常用的联系人除了顺丰快递的小哥，就是饿了么的送餐员。她在一个同事群里问了一句："有没有人想要周末去唱歌？"

过了五分钟，没有人回应她。

孤单感有时候就像是一个深水炸弹，在突然触碰到某个潜艇的时候，彻底爆炸。在那一瞬间，她特别想有一个人可以和她聊聊天，就算是讲一些鸡毛蒜皮的小事也好。在那一瞬间，她特别有一种逃离的欲望。但是，又能逃到哪里去呢？

回老家？那个从小生活的地方，她早已厌倦了。小县城里，所有的一切都是靠关系来维持，而她根本无法忍受每天被七大姑八大姨围绕着的生活。她想到每一次过年回家的时候，自己分明已经很不想说话了，但面对着各路不知道哪冒出来的亲戚，仍然要笑脸相迎。她讨厌那种过分干涉他人的人际交往，她不想在老家，被当成一个大龄女对待。和她一起上初中的同学，都已经早早地结了婚，甚至孩子都到了学前班的年纪。如果回家，她就不得不面对那些亲戚的询问，"怎么还没有结婚啊"
"你这么大年纪了，再不谈恋爱就完蛋了"。她已经厌烦
了这种情景，她宁愿在这个热闹的大都市里孤零零的一
个人。在这里虽然很孤独，但可以肆意地孤独一把。如
果回到老家，就连孤独恐怕都会被耻笑。她的工资不算
低，如果不考虑买房的话，足以让她在这个城市生活得
还不错。但另外一个方面，她也想在这个城市落下脚跟。
她不知道自己是不是属于这个城市，她还在挣扎，还在
继续熬下去。"因为不想十年后还过成这样，所以我现在
必须熬下去。"

03

木木在大学里成绩不错，毕业后就进入了一家外企
工作。毕业后两年的时间里，他一直没有谈恋爱，不过
在职场上倒是成长了不少。

在公司里，面对着办公室政治，他从一个职场小白
变得逐渐摸清楚了在一个屋檐下的同事们的派别，他开
始知道，隔壁的那个 Jerry 趾高气扬，是因为和大老板有
一腿；至于新来的实习生 Chris，则是策划总监安插过来
的人马。每当多知道一点公司的这些八卦，他就会觉得

待在这里实在有些无趣。有无尽的文档和 Excel 表格要处理也就罢了，还要面对这些钩心斗角的复杂关系，这样的工作让他想要逃离。他还希望，以后能找到一个稳定的伴侣，过上简单的生活。可简单生活，一点都不简单。他需要一份安定的工作，赚钱。生活里的柴米油盐酱醋茶他都需要去考虑，他只能继续拼杀下去。

04

有时候会觉得生活像是一颗石榴。从外表看上去，所有人都十分类似，但如果我们把生活剖开，会发现在截面上，一切和外观看起来大不相同。

从外表看，我们每个人都有类似的标签，可能这些标签十分光鲜，可能这些标签看上去和旁人别无两样。但只有我们自己知道，在内核中我们有着怎样的困惑和焦虑，有着怎样的不被理解和不知所措。我们有太多机会可以自生自灭，但最后我们依然选择了一条难走的道，义无反顾。或许这条道让你无数次想要离开，但是却有无数种信念支持着你继续走下去。踟蹰，往复，疲惫，焦灼，这些感受都是行走时必须经历的。

这条道，虽然荆棘遍地，但我们终将看见光。

警惕！你可能是盗版青年危机的受害者

青年危机，指在现代消费型社会，二三十岁的年轻男子，尤其是育有子女的男士和离婚男士，在生活和工作中觉得力不从心的心理压迫感及困惑。

01

可能不看医学书的人很难有这样的体验：学哪科就哪儿不舒服。比方说下肢有些肿胀，就开始怀疑自己是否肾衰、尿毒。我最近读文献也是，读到哪个部分就觉得哪个部分暗藏科学的奥秘。和师兄一起去医院拿样本研究，在医院待久了，总觉得自己的身体机能也在亮红灯。我认真地问过师兄，我说："感觉自己的身体老暴露在感染环境中，很不好，师兄我们在医院做检测，有优惠吗?"师兄已经是两个孩子的爸了，他抿了抿嘴，说:"知识越多越容易有想法。知道一个术语，当场就想代入。"

这世界有无数个上进自律而未果，经常忧心忡忡的人，深深地以为自己出现了青年危机。在这里解释一下，青年危机，指在现代消费型社会，二三十岁的年轻男子，尤其是育有子女的男士和离婚男士，在生活和工作中的心理压迫感及困惑觉得力不从心。导致青年危机的主要原因是过于自负，自我评价过高，对生活的理解过于狭隘。出现这种情况是消费型社会的通病，人们惯于以过高的标准去规划自己的生活，以至于梦想常被现实击碎，因此心情低落，甚至一蹶不振。而经过一番交谈和了解，我觉得太多人只是盗版青年危机的受害者。

02

邻居小夏比我小几岁，在中文系读大三。因为我的年纪比他大，所以从小他就在我的"照顾下"野蛮地生长，初高中以及大学的成长历程都少不了我给他出谋划策。

前几天，他和我说他失恋了。他觉得自己现在深陷青年危机中。听到他失恋了我很痛心：这还没到秀恩爱的地步，就无疾而终了。小夏说："不，这段感情不是无疾而终，而是暴毙而亡。"因为当他又一次在月底变得拮据，而当女朋友问他打算以后对经济方面有什么打算时，他说他觉得现在挺好的，物质不是很重要，父母给的钱够花，他现阶段想多学多写，以后考研究生考博士，当个大学老师。然而小夏的女朋友不这么想。她可能在电商打折时买管口红都要咬咬牙，又或是她受够了和小夏去个饭馆都只能吃团购的那几样，更可能是她颜值不逊于小夏，又不乏新的追求者。所以小夏被甩了。他说他已经和前女友分手两个月了，直到今天仍然无法释怀。我在微信上回了他一句：你这不是青年危机。真的青年危机应该是她非要拉着你见父母还催婚，或者是你爸妈让你毕业一定要找工作。

发现了吗？青年危机是在你迷茫、恐惧和难以抉择的时候出现的。因为想法志向不同，分道扬镳了而已，称不上什么危机。就算称得上危机，最终还是能解除的。把自己的经历归因于社会大环境下的青年危机，不去想如何改变现状，自怨自艾是一点用都没有的。

03

　　很多朋友在人生的岔路口迷失了，不知道接下来该向哪个方向前进。这太正常不过了。大不了停下来歇一歇，好好评估评估哪条路值得走。或者拉住往来的人，问问看，再作决定。可怕的是有的人已经踏上了一条路，还在想着另一条路。

　　我刚上本科的时候，很乐意听学长学姐讲他们的事情。不论是专业学习，或者是组织社团，总能有启示到我的地方。在众多正面典型的例子中，有那么一个学姐，她在我入学的时候已经在方正实习过，名字里还有个"芳"字，所以我们叫她"芳姐"。方正做的和我们的研究专业截然不同，因此去方正实习，很大程度上说明她可能从事与大学本科专业不一样的工作。所以她总是以人生赢家和拎得清自居。可是她跨专业保送研究生失利，第一次考研也失败了，第二次考研居然又考回了本专业。所以当我在她朋友圈发现，她还在想着如何通过内推和自学毕业转行，但所有的一切不是那么顺利，于是她将此称之为她的"青年危机"。我觉得这其实不是社会普遍的青年危机，而是个人选择的问题。认识她那么久，我越发觉得是因为她无法坚信并且坚持自己要走的道路，总是摇摆不定，所以才无法成功。

04

真正的青年危机，是在成长的路途中遇到的心理困惑。这其中出现概率最大的问题应该是："我的坚持值不值得？""我的努力什么时候能得到回报？""我坚定地选择这条路，走的对吗？"那些坚持、努力、坚定的选择，才是正版青年危机应有的，你有吗？

想一想，你读高中的时候，有没有抨击高考制度不平等，讴歌高等学府自由、平等、民主、和谐的同学？

你读大学的时候，有没有抱怨过专业课老师只会照着书讲课，说人脉才是王道的同学？

你工作的时候，有没有人今天抱怨工资少，明天抱怨老板压榨，还非要拉着你一起倾吐负能量？

今天还在沉溺于青年危机不可自拔的你，被动消极。

再回到最开始的小夏，他铆足了劲儿在学校争取好的绩点和荣誉，争取研究生有机会去一个更好的学校深造，最终靠著书立说、传道授业为生。虽然他的情感生活有些波动，但是他对未来规划的目标追求坚持了下去，青年危机算不得什么。

　　我们中有太多人是盗版青年危机的受害者：没有努力太多，也没有放弃和抉择过大是大非，生活中一点点的小问题就能让我们作息不规律、身体亚健康。然后挂着大大的眼袋发出这样的朋友圈：逃离北上广，不要假装生活，救救青年！

　　自己得先救自己。

　　很多人知道有问题，却认为是他人的错，社会的错。其实问题出在自己身上，即便你把它称作青年危机，自己动手，解决掉它啊，不论是谁，最多能为你摇旗呐喊，不是吗？

原来真的有不说就不知道的社会规则

年龄的增长伴随着角色的转变。小时候的话还可以理解为童言无忌，长大了就变成了不知好歹。在这里，总结几条大家在日常生活中需要知道的社会规则。

01

少说一点"我某某朋友多牛"的事迹，反而会让别人更尊敬你。

因为自信的缺失，有些人会以"朋友的厉害程度"来向别人传递出一种"我和这么厉害的人打交道，所以我也很厉害"的信号。但是对方并不会因此崇拜你，反而会觉得你夸夸其谈，信口开河，为人做事不靠谱。在北方的出租车上、小饭馆里，经常可以听到中年男子妄议时事、国际形势，仿佛自己在美国或是欧洲居住了大半辈子，又好像特朗普或者乔布斯是他的故交……还有一部分人经常在饭桌上和大家讨论股票、汽车、公司运营状况等等，而且还会说和某大公司的董事长之前一起喝过酒之类的话。

人与人之间的交流沟通，少一点"我朋友怎样怎样"的事迹，会让对方觉得你更真诚。其实只要相处的时间够长，你是什么样的水平，别人是能一眼望穿的。如果你能真诚对人，而不是浮夸于表面，尽管看上去没有那么强悍，却能体现出真正内心的强大，反而会令别人更加尊敬你。

02

复杂的事情可以沙盘推演，想清楚各种可能出现的情况，再拿主意。毕竟冒冒失失的行为，会带来不理想的结果。经常会有人在私信上问我关于选择职业或者专业的问题。但在和他们交流之后基本都会发现，其实他们根本没有把这些问题梳理清楚。比如在选大学的时候，如果你的成绩没有达到一个理想状态，那么确定一个方向，是考虑选择差一点的学校的热门专业，还是好学校的冷门专业，绝不应该拿着这两个选择在那里反复筛选，这样筛选半天也筛不出什么名堂。

你应该做的是：想一想，如果选择了好学校的冷门专业，这个是你感兴趣或者喜欢的吗？一年后你会怎么做？继续这个专业，还是转到热门专业？根据你对自己能力的预测，转专业容易吗？同样，两年后你会怎么做？是在这个专业继续深耕还是寻找契机，找实习或者找一些其他的事务？三年以后，四年以后呢？当你考虑了这两种选择所带来的种种可能性之后，你再回过头来拿主意，会比直接面对两个不清不楚的选择要好得多。

这类推演，是需要大量的经验和知识储备的，因此第一次做会显得比较吃力。

所以当出现知识缺失时，需要联动自己的资料查阅能力，或者是寻求前辈老师的帮助，光自己苦思冥想是没有结果的。

03

沟通不是"让他知道"，而是"让他知道'我知道他知道了'"。很多人在沟通中会犯的一个误区是：他们只愿意陈述自己的观点，觉得对方知道以后，沟通就算是畅通无阻了。但往往在接下来的合作中还是会遇见各种问题,然后发现两个人还是有不少的摩擦。其原因就在于,这种方式下所谓的沟通只是单向的。

双方都只是在确信对方明白了自己的意思,但是却没有让对方确信自己明白了他的意思。双向的沟通不仅仅是:我要知道你的意思,你要知道我的意思,而且还要寻求更深层次的反馈。只有当两个人理解彼此,并且获得一个"彼此知道了对方都理解自己"的反馈,沟通才可以算是畅通的。

这种问题不仅存在于同事、朋友之间,大部分恋爱关系中也存在这种问题。比如在女生看来,自己发脾气就是一种"让他知道"的沟通方式,但是因为没有建立应有的确保对方理解的反馈方式,常常会引发更大的矛盾。另一点相关的就是,当别人知会你一些事情时,你应该说"我明白了",而不是"我知道了"。虽然可能在一些人听来这两者并没有什么大的差别,但其实差别很大。

04

学会如何和别人协作的要义是要有"容人之心"。每个人在某个领域都有自己的强项,有可能他在某些方面表现出来的才能或者背景会令你艳羡甚至嫉妒;当然每个人也会有弱项，这种弱项可能表现在人际交往方面，对方可能会情商比较低，可能会令你不快。但如果你因为他的强项而排挤他，或者因为他的弱项而轻视他，这样的协作就会变得很艰难。

所谓容人之心，就是要能见得别人的好，也要能见得别人的坏。但并不因为好而偏用，不因为坏而偏废。你可以对他的品行有个人的好恶，但是不要把这种情绪代入合作中，尤其是在三个人以上的合作里，如果依靠个人好恶拉小团体，那么结果就会使整个合作分崩离析。合作的要义本来就是取对方的长处，合作成功的关键在于你们能否在合作的那个领域创造更高的价值，而不是看在个人情感上你对对方的态度。"就事论事"四个字说出来很容易，但其实很难做到，毕竟人都是有情感的。所以最好的办法就是把合作当中的人当作陌生人，你会约束自己变得礼貌，同时增强自己的宽容度，也不会对对方抱有过多或者过少的期望。

每个人都有自己的小圈子、小社会，每个小圈子相应的规则也不一样，但有一个通用的社会规则就是，除非别人的科学理论有严重的逻辑与事实错误，否则不应该轻易地说出"你不对"，而应该说"我有一个自己的见解"，这样更容易让别人接受。

第六章

世界上最遥远的距离是从想到到做到

别再歌颂你的高中生活

别借高考感动自己，这样廉价而无用。别再歌颂高中生活的美好了，每一个昨日的少年，都要继续往前行走，不是吗？

01

之前网络上流行一句话，大意是，你们以为脱离了地狱苦海的高中，其实是我们再也回不去的天堂。这是什么鬼话？别想了，把任何一个人再扔回高三，他都不会开心的。

明年就要高考的表妹在微信上给我发来几道英语选择题，向我求教。题目不难，但是表妹这是醉翁之意不在酒，真正的目的其实是来求安慰、求鼓励的。我和她说，你先告诉自己，反正我打死都不想再经历一次高考，其他的心理建设才适合铺开。

表妹的初二物理、初三化学通通是由我启蒙并教了一整本书的。我佩服她的一点是：她会把我说的一些话记下来，偶尔拿出来看一看。也许过了许久，会突然发现其中我要表达的意思。其实我并没有要表达那么复杂的含义，不过她能有所体悟，不是更好吗？我和表妹说的最多的就是："别喝别人的鸡汤，也别给自己灌鸡汤，没营养，撑肚子还不顶饿。你身边有无数个现实的指标可以告诉你，你是在走上坡还是下坡。冲刺高考的时候来了，你不紧张，就战胜了广大的紧张考生了。"

02

不知道大家对在年级大会上发言的优秀学生代表怎么看。

他们之中有潜心学习、对自己狠而且话不多的学霸，他们陈述自己的学习经历，发言如白开水，乍喝解渴，喝多了就会说不出的难受。如果我每天晚上下自习后也能刷两套数学卷子，我也不会是这个成绩好吗？也有总喜欢正襟危坐，表面上讨论学习方法，其实全是假大空、夸耀自己的人，这种人通常会被嗤之以鼻，大家都说他爱表现。请这种人来自我表演，估计校领导也不开心。

风水轮流转，我的同桌终于考了一次年级第一，说实话这是个顽皮淘气的主，从小爸妈不给压力，自己也不逼迫自己，身上散发着一种努力又不功利的潇洒。但是说起话来，总是意外地扎心。

"每次大会都有年级第一的讲话，但是估计下次分享学习经验的，多半不是我。说实话，我不是一个能永远静下心学习的人。考第一名的人诚然令人羡慕，但我比较羡慕永远名列前茅的人。"

是啊，高考也是你的一次成绩，它可以决定你的学校层次。至于你学得怎么样，将来达到什么高度，那就得看你将来的努力了。高考之后，有的人舒了一口气，有的人舒了一口气以后就再也找不到当初拼搏的自己了。

03

再后来高中开大会的时候，多了一项流程：宣誓或者动员演讲。我讲过一次。

那次的动员演讲，我讲的内容是我们努力是为了什么。

有人说，努力说到底都是为了自己，考得再好，老师不会收到好处，高考的最大获益人就只有自己。其实未必，我的努力很大程度上是为了我自己，为了我将来有更多的选择，接触更多的机会。可是，我的努力难道不可以是为了家庭吗？

坐在我前排的一个女生，桌上放着一本牛津高阶词典，侧面贴着一句话：不能辜负我爸妈。她总是格外努力，哪怕是我，看一眼她的状态，也能鼓足干劲。

努力，表明你正在发劲，向一个目标迈进。努力学习了，哪怕成绩不算理想，父母未必忍心责怪。努力学习，也可以为了喜欢的女生，因为她的成绩比我好，我成绩一定要好到能和她上同一所大学。我也想努力，想让老师看到，她每天尽心尽力的教诲，我都记得，她教导的班级，都在积极地向她回应着，这才是我们应该有的师生情啊。

我的学校当然不允许早恋，不过那个时候我讲的内容得到了台下热烈的掌声。现在回想起来，那段日子所喊出的口号，每一个字都铿锵有力，热血磅礴，像极了出征的将士。高考的时候一心盯着成绩和排名的你，现在在盯着什么？

04

    大学入学的时候，我住的楼层都是同学院的同学。大家互相串门，自我介绍、寒暄。这时，有个哥们说："你们听过清华直通车吗，我当初差 0.2 分就保送清华了。"语气中不乏骄傲。见没人应声，他继续得意忘形地讲，"你们听过××一中吗，真的，我是我们学校高考分数最高的人。"这时候大家都有点尴尬，不知道如何回答。另一个刚认识的同学立马怼了回去："大家都招在一个学校一个学院，我们现在的起点是相同的，后面如何，等这学期出了成绩再说吧。"

    结果不用想，他必然不是学院里最优秀的同学，不然不急着用过去证明自己。如果高考是你的人生巅峰，怀念反而是件痛事；如果你通过高考、考研到了一个更好的学校，不要着急和过去撇清关系，那里有着一个努力过的你。

    别借高考感动自己，这样廉价而无用。别再歌颂高中生活的美好了，每一个昨日的少年，都要继续往前行走，不是吗？

是谁"谋杀"了你的大学

真的不要指望大学四年的时光可以去改变你，
而自己却不用虚心学习和进步的心态去生活。

01

大学不会改变你的命运——不然每年不会有那么多
的大学生还在迷茫。读大学并不能改变你的命运，大学
四年的阅历和思考才有可能改变你。

昨天晚上，我爸同事的儿子加微信问我关于新加坡
留学的事情。通常我都不会理这类咨询，因为问的都是
简单的、笼统的、网上可以搜到的问题，比如学校排名、
录取标准和学费什么的。稍微给他交代了几句，他试探
性地问我，所以在新加坡读书还挺水的吧？我满头问号，

耐心地回复：肯定是因人而异的。毕竟都是花钱上课，有的人应付作业，突击考试；有的人天天都在想着如何研究，追着教授讨论。结果就是有很大一部分人毕业找不到工作，回国后吐槽资本主义留学只不过是镀金而已。对于他们来说，自己水，项目水，学校也水，整个世界都很水。可是真的有人努力实习，找到了满意的工作，拥有很好的前途。并不是读大学、读什么项目让他脱颖而出，而是他自己知道去追求机会。水还是不水，不是取决于你自己吗？更何况这位同学都大三下学期了，问出这种话是不是显露出自己不端的心态呢？

02

　　大学通常是社会筛选的一道门槛。你有了不一定好，但是没有可能连基本的机会都没有，机会从来不是平等的。

　　当代大学背了太多的锅，大学生的所有品格乃至极端行为都可能会归咎在大学体制上。甚至知乎前段时间还有个答案批判大学宿舍，申请应该效仿欧美，将宿舍打造成高档轻奢的风格，这样学生学习和生活都没有后顾之忧。可改变了宿舍，就能改变大家的惰性吗？我支持中国大学改善宿舍环境，但这不是主要矛盾。评价方式和如何实现价值才是。

读了大学，你才会明白生活的可能性是多种多样的。子承父业在十几年前太常见了，即便是今天，两代人从事相同相似职业的也太多了。而放到现在，则是你一开始读了什么专业，哪怕是调剂的，都会在一定程度上决定了你今后命运的走向。大学并不是说你去了或调剂到一个专业，你就要赔进去，但是太多人这样想了，于是随波逐流考个研吧，甚至稀里糊涂出个国吧。

前阵子考研复试有个考公共卫生的读者，问我问题，他说他不知道自己可以干什么，很迷茫，怎么办？我问她除了公共卫生，你有做计划 A 或者计划 B 的选项吗？如果有的话我们来评估一下。答案是没有。当你连自己的想法都没有的时候，你现在走的路，不论直弯，你都不得不走下去，或许等有一天你撞到南墙才会停下来。

03

总而言之，千万不要没有自己的想法，别人说什么你都说：那我试试吧。结局可能是越陷越深，整个人都沉没，一辈子埋怨。把未来交给"读读看""到时候再说"

"船到桥头自然直"的人，命运永远是被无序改变的。

我在朋友圈看到有人恭喜今年考研成功的学弟们。其中一个学弟小虎让我感到很奇怪——他不是这一届的学生，这位学弟难道是再战了，才在今年考上研究生？朋友和我说，小虎在大四之前就发现自己推免保送无望，也很清楚自己考研会很累，就费了好大力气找了其他行业的工作。但是毕业后，入职了不到一周，就辞职了，又考了本专业的研究生。我觉得匪夷所思，既然已经去找了其他行业的工作，又怎么会再考回本专业的研究生，天知道他的专业有多难就业？更何况我还听说，他打算用国内的研究生当跳板，再去申请一个欧美的博士。究竟是当作跳板，还是给自己"画一个大饼"我不知道，但是他一定是在想"我读读看吧"，或者"我不想这么快脱离校园"。我无意说读研或者出国不好，如果你坚定地做一件事，不在一年之内三次更改自己的规划，那我对你的敬佩和信任会更多一分。

04

最后的最后，读完大学，我觉得之前自己预想的命运轨迹改变了。这不仅仅是因为读了大学，而是因为这四年，你自己努力得到的，你的眼界给你带来的。知乎上质问大学意义的题目每周每月，层出不穷。直到今天，你多了一些思考吗？有些人在这类问题下编故事，就编自己在读完大学之后变得好看了或者有钱了，你脑子一热就点了个赞。问题是，个例可以代表全部吗？不是这样的。你应该了解的是，在大一大二大三大四分别需要注意些什么，如何为将来打算。真的不要指望单纯四年的时光可以去改变你，而自己却不用虚心学习和进步的心态去生活。那和别人用手端着你举杠铃去减脂有什么区别？

如果你正在读大学，你应该自己判断你在不在一个坑里。再决定是跳出这个坑，还是蹲在坑里观天。你可以在大学结束的时候痛骂制度，痛骂社会，但是你也失去了成长的契机。

四条大学生最易忽略的简单道理

　　听过那么多道理，都不如去亲身体会，如果你站在人生的关键点上，即使你永远只能独自战斗，也不要放弃一切机会站在别人的肩膀上。

01

　　关于未来发展，不要为了合群而放弃你自己想做的事。首先就是永远不要把眼界放在自己的寝室里。室友不论怎么分，都是一个随机分配的结果。大学生活永远都不是忙碌的。因为它不像高中是全日制封闭式的环境，即使是医学生的课程，也不会一周七天、早上八点到晚上十点都排得满满当当。所以，你一定有时间安排课外的活动。

你完全有可能恰好和三个只知道看直播玩游戏的室友住在一起，如果你试图融入他们，那么你的大学生活很大概率就会在充实的玩耍中荒废了。但你知道吗？有很多人为了考研去图书馆学习一整天；有很多人可以为了音乐梦想，乐此不疲地一天练习十个小时；也有很多人可以为了心中一个梦寐以求的 offer，不惜跑断一双高跟鞋去参加面试。他们都是你在大学校园里会遇到的普通人而已，可是他们与你不同的是：他们刻意地寻找了一些时间去做自己想做的事情。

我想说，很多人将业余时间花在了玩游戏、刷社交网站、看动漫综艺电视剧等上面，等到某一天才突然意识到，自己连基本的生活都被压缩了。在大学，你有最多的时间，去决定你的未来——那个你想成为的你自己。多去走走，多去看看，在外面，你能看到的东西，远比你在寝室看到的、在网络上看到的，更加鲜活和精彩。

02

关于学业本身，努力掌握你能够知道和清楚的信息，不要在信息差上吃亏。

技不如人在竞争中被比下去没什么，反而是明明有能力，却因为信息不对称吃了大亏让人觉得难过。概括来说，获得对称信息的内容包括：

1. 大学学制等硬性信息（考研需求、保送制度、请假规章、奖学金评定）

隔壁宿舍有一位学习非常认真的同学，他坚定地以为凭着自己还不错的成绩，完全可以获得最终保送的名额。我们也以为他可以保送，他甚至趁着暑假还联系、定下了保送的导师。可是大四开学前结算总排名时，他就恰恰排在保送线外的第一名。当时我们院保送名额是全年级排名 50%，这是硬性规定。我问他："你什么时候开始算自己的排名的？"他支支吾吾地说："就真的开始保研面试的时候，才发现自己在总人数除以二的后一名……"就算他保研面试努力争取，问了许多老师，都没能保送成功，后来决定考研去了。

可以说每个人都希望自己可以有选择保送的余地，但是真的不是每个人都会主动去看排名，你不去看，你可能在最后才知道自己原来是这样的。另外包括毕业需要多少学分，各种类型的必修、选修课需要多少学分，学分修多了毕业要不要交钱，毕业需不需要过四六级或者计算机等级，等等，这些都是你应该清楚的。至于奖学金评定，同一个学院的不同专业都可能不一样，更是利用信息差打架的重灾区。途径可以是看学校的官网，也可以是咨询辅导员、学长学姐之类的。如果你不问，你很可能就处于一个茫然的大学状态。

2. 动态性信息（交换与交流机会、参赛得奖名额等等）

要经常检查公共邮箱、学院学校官网，以及行政办公室以外的布告栏。

有一年某研究所，给学校提供了几个暑期可以去实习的名额。很早就派发的通知，被班级的班干部拦到一天前才发布，而那时候准备材料就很仓促了，更不要说有的人呼呼大睡，当晚就错过这个通知了。后来有的人觉得不公平，可是班干部说，当初老师第一时间就把邮件发在公共邮箱了，你不看邮箱只看班级群，那为什么五个名额都报满了，这难道不是你自己的问题吗？因为名额多了就会存在竞争和筛选，所以班干部做的事情比较阴损，但是如果你真的勤于查看信息，最起码不会被坑吧。吃一堑长一智就是这个道理。

3. 课程原则与细节的内容（课程出勤、课程考察方式等细节性的内容）

单独列出课程是因为学习永远是学生的根本，而这类内容可能只有课上认真听讲，或者询问老师才能知道。当你不明白某个课程的设置和考察方式，包括缺勤带来的后果，一定要亲自邮件或者当面问老师。不要稀里糊涂问了几个同学、几个人揣测一下，或者按照以往经验就以为某门课程是这样评估的了。比方说有一门课，第一次缺勤扣1分，以后每次缺勤扣10分……但很多人认为出勤率的分数加起来不会超过总分的20%。可是这门课程就是这么设置的，没有道理。这时候可能学长学姐的信息都是滞后的，毕竟很多课程都是"铁打的营盘流水的老师"。

4. 隐形内容（除了硬性规定之外的个人发展内容）

上了大学，有的人比较宅，这没什么。可是宅到大四，才突然想：我毕业之后应该干点什么？于是不少人就盲目地跟风考研了，考上了可能就读着，考不上要么跟风二战，要么跟风找工作。完全没有自己的规划。

正常的建议是在三年级开学的时候来一次全方位的自我评估，最好和自己的父母家人一起商量：读研？出国？工作？甚至是创业，这些都需要评估。同时仔细咨询前辈或者老师，最好是成功的案例。看看他们身上有的，你缺点什么，努力用后两年时间去增进。比方说我有跨专业考研到北京大学的同学，大三开始她就以最高效却最少的时间投入到本专业的学习，其他的时间都用来找实习，去外面报班上课等等，最后成功跨专业考研了。又或者有的人有不成熟的申请出国的想法，也不提

前准备托福 GRE 或者一系列英语方面的文书资料，到了
迫在眉睫的时候，你出国的想法注定只能是不成熟了。

总的来说，其实正因为大学是从高中到社会的过渡，
这点才显得尤为重要，对于已经工作的朋友来说，获得
准确的信息从而完成工作可以说是通识了，但是大学生
仍然应该加大对信息获得方面的用心。

03

关于人际交往，大学生活的挚友可能有一个两个，
也可能一个都没有，不必强求。找到挚友不是一件容易
的事情。很多人会想，人到底为什么很难交到知心的朋
友，甚至觉得人天生就很孤独。说到底，我们连自己想
要什么样的朋友都不知道。可能觉得理想中的朋友要情
商高，要懂得互相安慰，要能够和你交流。但在你的心
目中，到底什么样的行为是情商高的？你又有足够高的
情商与之匹配吗？你到底对这段关系真正的期许是什么？
所以不要苛求一位朋友成为你的挚友。一位朋友是不可
能和你分享太多的。他很难在生活上和你频率相同，爱
好也契合，吃饭的口味都一样，就连你喜欢的小众音乐
他也了解一二，这太难了。多问自己什么是自己想要的，

对于朋友，不要怕试错。

　　大学和高中，差别最大的一点是评价体系不再单一。在这个舞台上，有人是成绩超好的学霸，有人是招人喜欢的万人迷，有人看起来是宅男一枚，但实际上有着自己的电竞圈子。今天你无意中看到了之前一位学习不是很好的同学考研逆袭，考到了一个 985 学校，你心动了，去收藏各种考研建议、去学习，但考研是不是你自己想要的，是很大的前提条件。今天你看到一篇"如何托福考到 110＋"的文章，于是心血来潮去学习托福英语，但是对于六级就存在困难的你而言，英语可能只是一件必要但不紧急的事情。今天你看到那么多大学新生的建议，条条真诚，道理兼备，多问自己，什么是你想要的，再去寻求机会问别人。

　　这个问题早想清楚，以后的路才能越走越宽。

04

　　辩证地对待过来人的话，仔细评估他人的大学建议。

　　网络上充斥着形形色色关于大学生的建议，有些值得参考的可以记录下来，有些无需采纳。通俗点说，就是道理我都懂，但就是不想做、做不到。常见的非必需性建议比如练字、健身、旅游，这些都需要在个人评估以后再决定是不是要做。以书法举例，有的人觉得端正就好，有的人觉得他以后几乎都很少写字，那么对他来说练书法只是一个很正确但投入产出比很差的建议。

同样的，有的人健身是为了有朝一日参加健美比赛，而有的人只是为了身体健康，因此投入健身的时间需要根据自身情况制定详细的个人评估。

同时对于以下行为准则、思维方式类的建议，认同后最好每天都读一次，增强刺激，否则效果为零。比如："不要盲目崇拜学长姐""学好英语""有目的性地加入社团组织""独立思考，不要人云亦云""换位思考""不要交浅言深""培养自己与众不同的地方"。

听过那么多道理，都不如去亲身体会，如果你站在人生的关键点上，即使你永远只能独自战斗，也不要放弃一切机会站在别人的肩膀上，关心你的人一直都在。

正确度过期末的几种方式

马上要期末考试了，翻着光滑又贫瘠的书本和课件，简直像预习一样。怎么办？看完这篇文章，会让你理清思路，渡过难关。

01

学生心目中的恶魔，以及年底最折磨人的，恐怕就是各类考试了。大学里的期末考试时间通常是密集的，几门考试接踵而至，但是准备的时间通常只有一周至两周。期末最让人头疼的老大难问题就是——如预习一样的期末复习。

这类课程通常是晦涩难懂的，本身就不爱听，老师更是没有教学激情。你半睡半醒，不知不觉就期末了，再加上上课的时候全班都非常萎靡，老师翻页了，老师强调了，学生们都无动于衷。

马上要期末考试了，翻着光滑又贫瘠的书本和课件，简直像预习一样。怎么办？请备好课件或者书本，图书馆或是书店购买的辅导书、历年真题，以及一本笔记本。

这四者是不可或缺的。

1. 课堂用的课件或者书本，最大的职能是确定考试考察的范围。

一般而言，老师不会考察PPT或者书本以外的内容，因此通读一遍老师的课件是最基本的，可以防止浪费精力在压根不会考察的内容上。以生物化学为例，课件中的阿拉伯糖操纵子只用了一页PPT，乳糖操纵子则用了四五页，尽管对于课程和考研要求来说，它俩都很重要，但很明显老师还是更强调乳糖操纵子的，因此时间有限、精力有限的你，优先预习乳糖操纵子，阿拉伯糖操纵子可以战略性放弃。

再不认真的你，也要清楚在课件和书本中，老师究竟讲了哪些章节，以及分别花了多少课时。

注意事项：先给各个章节和知识点标注"考或者不考""着重或者一般或者一带而过"。

2. 辅导书。辅导书是复习中最重要的一环，它就像一个深入浅出的学霸用大白话给你讲题。

有的人不理解也不习惯使用辅导书，通俗来说，辅

176

导书就是把书本文绉绉的语言用更直白的方式呈现出来（每章节的内容、名词解释的答案、简答题的答案）。辅导书有两大用处，第一处是书中的文字，做出详细解释的一定是重难点。读辅导书比读教科书更加简洁明了，也更容易懂。第二点是辅导书后的习题，它可以告诉你"这门专业课的题目可以这么出"。事实上高校老师自主出题，形式创新的寥寥无几，基本都是留空、考记忆、改老题。题海战术不仅可以保证准确把握考点，还可能直接撞题，最重要的是培养题感。对于本科生而言，如果时间比较充足，可以买两本参考书。第一本是专业课的考研版本辅导书，考研辅导书的层次是深于期末考的，因而绝对够用。第二本是普通或简单的辅导书，看完就可以保证基本的分数，之后再看难度大的考研版本，效果会更好。

注意事项：一定要把握住你所在的学校、专业、任课老师重视的课程内容，不要死揪着某个知识点浪费时间。

3. 历年真题。历年真题是最直白体现老师对知识点考察的深度，以及考试容量的。

如果时间实在来不及，最不能丢弃的还是历年真题，因为总有一些知识点是不可避免要考察的。历年真题和辅导书的关系在于，前者指导了题型和考察难度，后者提供了题库以及考题变化的范围。

注意事项：请确保今年的任课老师没有更换。如果有可能请注意今年新增改的知识点，这是出题的频发区。

4. 笔记。我习惯把每天的时间分成三块，再按照距离考试的天数计算总块数，把时间合理地分配给各个科目。同时还要数清楚某门专业课的章节数目，一般而言，一门专业课的章节数目在6～12章。可以适当宽松安排，但严苛或超量执行，可以为复习留出更多的时间，也可以更自信一些。期末复习时，整日待在自习室或者图书馆，如果不写点什么记录下来，会给考生造成心理压力。复习每个章节时，尝试记录5～10点的易考点或者难点，或者那种花了好久忽然茅塞顿开的点，每天结束和开始的时候进行温习，心理成就感和巩固效果都会大幅度增加。

小结：不得不承认我有几门没听的专业课是按照上述流程过来的。在突击的过程中，通常都会有"任督二脉打通"的感觉，这一点我和不少朋友交流过，是普遍存在的。"感觉通了"是熟悉了整门课程的设置和进展，以及对考题有一定理解之后的结果。

其他 tips：复习不要带手机或者电脑。实在有此方面需求的，当天的纸质学习结束了再去操作。不要学了一点点东西就去讨论，请以章节或者天数为单位，学习够了之后再去和同学或者老师讨论，收获绝对不一样。

文科类专业应多参考习题中的答题思路和模式。理科和医学类专业最应该关注名词解释，再尝试做其他题。

应试之外，我们又应该怎么看待悲伤情绪、负能量，尤其是孤独的感觉呢？

负能量是永远不会消弭的。你应该去过海边，看过浪潮吧？它像一层一层的涌浪一样，周期一样地推过来。有时候它不算强劲，甚至轻拂着你的脚踝，所以你觉得没什么。甚至觉得有些品质需要历练才显得珍贵。但有时候它猝不及防，把你拍得转向，你觉得晕眩，甚至瘫坐在岸边，都忘记浪已经退了。我一直觉得许多悲伤情绪是瞬间性和终止性的。

有人说，我们许多许多的痛苦，是对自己无能的愤怒。可又有多少人知道：人这辈子最可以依赖的人是自己。四六级能不能考得过，考研能不能考得上；期末可以得到怎么样的分数，未来会遇到什么样的人……在这里面存在一个可以掌控的变量，就是你自己。别放弃自己，事情就会有转机。同样的道理，在事情还没有非常糟糕透顶的时候，别让自己陷在一段消极的情绪里走不出来。要坚信这世界上还是有人可以开解你的。牵着你这个迷失的风筝走，直至安全地着落。而你得坚持，别把风筝当成落叶。一阵风就可以吹得你零落又凄惨，其实风筝也都是靠风才能起飞的。

高考前紧张情绪的缓解方法

针对许多高考生临考前紧张，以及压力过大带来的负面效果，谈谈我对高考解压的想法。希望这篇小文章可以激发大家的思考，让大家可以调整心态，利用好压力。

01

在我看来，高考前紧张的最大原因就是：对高考过程中和高考之后的世界进行了太多不良预想。所以我建议的第一点就是，不要胡思乱想，改而巩固当前参加考试的习惯。

事实上，在备考阶段经历过多次考试的人，已经适应了考试的题型、节奏和难度。因而，平稳的心态，专注于当前的复习中，是当下的任务。而在高考过程中，尽力地把一切都正常化开展，则是平时的习惯在特定时间生效的结果。

为什么要强化一些习惯呢？在高考前，考生已经接受了多次关于知识点的系统训练，也培养了十分不错的题感和语感，这就是神经生物学里提及的程序性记忆，即无法用言语和行为表述出来的，有神经学基础的记忆性行为。程序性记忆可以为考试带来便利，所以我们要：（1）尽可能大地利用程序性记忆带来的便利，并加上一些反思的细节。程序性记忆的做法是建立在比较多次的重复之上，对于一些文科科目的知识点记忆，最容易做到如此。（2）细节的反思。就是体会高考题也利用了广大学生都是从题海中奋战过来的特点，挖下了许多的陷阱和坑。比如数学题之中出现的去掉根号、分类讨论等带来的多解答案，语文阅读理解中的一些反套路作品，以及英语题中某些非谓语动词放在介词后考察等等。

因此，在熟练利用好自己的题感和习惯的时候，一定不要因为节省时间而想当然，一定不要漏过每个题干中的描述，以及需要特别注意答案需要你提供的究竟是何种内容。写了许多无用的废话并不会增分，或者说花费了功夫还做错题就得不偿失了。

02

补充一点，就是高考的中等和偏难的题型会以比较新颖的方式出现，那些非压轴的题目本身并不难。既然高考出题的特点是必然会有新题，因此在做题的时候一定会遇到卡顿和停滞的情况，这个时候不要慌张和试图一步到位，仔细发现题目的突破点，以及和之前做过的题目的相似处，可以取得不错的效果。

实际操作阶段说了这么多，小结一下：不论高考还有几天到来，保持做题的敏感度，以及对考题中考察点的提取能力，对基础知识点的完整性记忆，这都是有益处的。心态方面，我们谈谈如何调节紧张情绪以及利用紧张带来的压力：事实上，几乎所有的考生都会面临紧张带来的压力和副作用，甚至一部分人会出现身体上的不适，以及考试中出现发抖等情况。我把它称为"高考为每个人的成绩打了个折扣"，也就是紧张带来的副作用。当你将紧张的副作用控制在平均水平之下时，相比于其他人而言，你并没有太大的损失。通常来说，你很难变得不紧张。但是当你将自己的状态调整得稍微比别人好那么一点的时候，你还是更有优势的。心理紧张，可以通过拉伸身体及深呼吸等来调节，此时更多是肌肉的放松。我们要提醒自己的是，当决定进行机体放松时，脑海和想法也最好随机体一起放空，什么都不要去想。这样可以发挥深呼吸的最大效果，同时有更好的心理暗示效果。

最后，讲一些道理，以便可以更好地去使用方法论。有些人会说，不论怎么做怎么想，还是觉得心神不宁。那么首先接受这份正常的紧张感，很多人是在"高考决定你的一生"甚至夸大一些——"一分就能决定你的命运"的论调中长大的。

事实上，高考的分数更多的是影响你将来几年的奋斗环境。和你的人生当然有很大的相关度，但是不存在因果关系。对于一个平均情况的普通人而言，注意是平均情况的普通人，高考分数越高就可以提供更好的平台，将来工作的机会和环境，工作中晋升的竞争力也都会像滚雪球一样累积。这点说起来是具有统计学的意义的，不然好学校凭什么称为好学校？

所以，更好的高考成绩便于你不断提升平台，达到进步，这是件有难度但是没跨度的事情。而你高考不够成功和理想，就需要拿出跨越的决心和努力了，你可以当个与众不同的人，在二本三本的本科中考上 985 的硕士博士，甚至去欧美名校深造，甚至有更大的可能性。说白了，如果你一直是个努力奋斗的人，高考失败的概率并不大。即便失败了，以后也有很多机会摆脱当下的环境。如果你是个最多只肯为高考付出的人，并且认为高考之后就可以轻松度日，成为人生赢家了。那我劝你醒醒，并且告诉你，这样想的人会对高考紧张是理所应当的。如果你不是，又何必紧张，克服高考前的紧张，以平常心对待高考，不就是你告诉全世界你还不错的机会吗？经常有人说，不能把我所热爱的世界，交给其他人。而我认为，我所爱的世界，努力一分就可以占据更大的席位，不在今天实现，也可以在明天。

祝你高考正常发挥，反映出你真实又理想的水平。

03

最后提供一些我高考的小 tips：

1. 答题卡随机检查法

尤其针对填空题和选择题。有些人时常担心答题卡会出现填漏、挪位的情况，因此最好的办法是在整体、有序地填完答题卡之后，随机选择 10% ～ 20% 的题目，看看答题是否出现填错的情况，可以有效规避高考之后担心自己填错卡的问题。

2. 计时答题法

将选择题、填空题和每道大题留出一定预想的时间，以及最多可停留的时间去答题。比如我给自己每篇英文阅读理解的时间是七分钟，最多不能超过九分钟，先看题目再看文章，我会写在当下的时间，并在完成后再写下完成时间，这个过程其实并不耗费精力。另外不要把时间当成负担，它是帮你掌握好节奏的方法。

3. 亮点强行穿插法

适用于英语和语文作文，考试上通篇草稿很难，但是一定需要列举大纲，并且在强调文章结构和层次时，使用一些惹人眼球的文字和高级的英语词汇，或者在文章某段刻意安排英文强调句以及复杂句式，可以让文章增色不少。

4. 不要在还没完全考完的时候就算丢的分数

这是成绩比较好的学生的通病，尤其是在数学之后，把压轴题、几道比较难的题目分数稍微加一加，仿佛就要哭出来。考试给的分数是按步骤来的，甚至说最后一步计算出的数字有误，扣的分数也未必会很多。同时改卷严苛程度也会有适度的调整，如果你不是平时整张卷子扣分只在个位数的尖子生，我不建议你去算你会丢多少分，而应该尽可能地多磨出几个步骤，都写在卷子上。

5. 知识点快速检索

此点适用于在文科的大题回答中不漏掉得分点，同时也适用于当手头没有任何材料时进行头脑风暴，比如我会按照必修 1234 的顺序回忆每本数学书的关键内容，或者努力去想向量或者解析几何中的一些技巧，这个过程最好是在反复阅读错题本或精华本的基础上进行。

6. 文字宣泄法

事实上花 5～10 分钟去记录自己当下的感情，是最好的发泄办法，但是作为一名有格调的高考生，最好不要在文字中出现直白的不和谐话语，而是尝试用烘托和对比等手法，或是英语表达的方法体现出来，无形中维持了写作手感。

7. 向非高考人士倾诉

相信这个阶段所有人都愿意帮助即将面临高考的你，而你能够说些什么，让更多的人群策群力，就是一件非常让人安心的事情了。

第七章

穿过荆棘和黑暗，我想和你一起，
看一看明天的光亮

单身上瘾? 不存在的

好像不是眼光高, 也不是恋爱恐惧, 更不是被伤得太深, 只是在等那个人。

01

傍晚做菜的时候, 我突然明白"单身狗"这个词的背后涵义了。比如别人问你:"你有女朋友吗?"对比以下两种回答, 你就明白这个词背后所带的情感含义了。

回复一:提这个干什么, 我单身狗一只。

回复二:没有, 我单身。

回复一多了几分无奈和一丝调侃, 甚至还有一丝自暴自弃, 就像只身待在厨房的我, 本来想炒两个菜:韭菜鸡蛋和青椒炒肉, 最后却添了点老干妈一锅全炒了。

面对这一锅乱炒的大杂烩，但凡我有个女朋友，肯定会觉得我生活太不讲究了。但是但凡有个女朋友，我炒菜就绝对不会一锅乱炒了，肯定会给她大展我的厨艺，或者她会炒菜给我吃，我只需要洗菜、刷碗就好。但后者和前者就又不一样了，后者多出了很多遐想的空间。单身数年，宁缺毋滥只为寻觅一个你，一个像丁香一样结着愁怨的，或是结成欢喜冤家的姑娘，你站在厨房，挥动着勺子，满身的烟火气，让我满心的欢喜。

单身是不会上瘾到让你远离爱情的。因为一场感情的进程，包括了初期的好奇与试探、接收到回应之后的欣喜和热烈、在一起生活时的同步与相互影响，以及为彼此做出的改变与退让。

在一起之前，感情带给你的大多是好的：关于对试探的回应，关于两个人对彼此的认定。在一起之后，两个人生活节奏的同步以及在方方面面给对方带来的影响是中性的。如果这份影响把持得好，彼此愿意为对方改掉自己的坏毛病，那么双方就会携手走向美好的未来，但是如果把持得不好，那么最终可能会恶语相向、冷战怀疑、分道扬镳，那这就是负面的了。如果两个人最终没有走到最后，那之前所有的快乐与悲伤像是坐了一场过山车，刺激过了热烈过了以后，剩下的是更深重的空虚。就像神经生物学里描述的,一次兴奋过后,会有一段漫长的低潮期。但我还是想恋爱,想谈一段美好的恋爱,彼此依赖,但两个人都还能够保有优质单身青年的良好品质。

02

什么是单身上瘾?

可能是觉得只有自己才是最懂自己,对自己感同身受的人。

大概是见多了国产都市剧和校园偶像小说,这类人对身边所有的人,都用戏剧化的目光看待,这样就导致了他们想要逃离一成不变、索然无味的日常生活。还有人说,在爱情中一定会有一个人设,可他想自由自在、无拘无束地做自己,不想用什么人设捆绑住自己。所以,有一些"看透爱情"的女生,她们热爱旅游并习惯在朋友圈打卡,享受白天坐在办公室喝着咖啡的忙碌,也感受夜晚带来的寂静。不刻意追求爱情,也不盲目投入一段感情,只要是对的那个人,等得久一点也没有关系。

可太多自诩对单身上瘾的人,当在某个人生的转角遇到那个"好到令人发指的正确先生",就像是劣质网页游戏宣传的一样,他只一颦一笑就在你的心中升到满级了。

　　单身上瘾的朋友们想过吗?戒断其实就是一秒钟的事情。正因为这个世界上没有第二个人可以真的做到感同身受,所以我们才不要错过。要相信,这个世界上总会有一个努力揣测你的情感、想要为你付出感情而不是也竖起"单身上瘾者"樊篱的人。有时候大家会说自己单身上瘾成了一种惯性,但是对我而言,虽然单身多年,但在电影里,看到悬而未决的感情,看到相爱至深的情侣诀别时,心依然会痛。所以我承认,我从来不是一个单身成了惯性的人,心中的火苗一直在。

03

　　我羡慕模范相处的一对情侣:小飞和他的异国恋女友。十三个小时的时差是一件很折磨人的事情。通常一个人刚要睡,另一个人刚醒,还在睡眼惺忪,所以交流的机会很少。而且国外的课业很繁重,很大一部分的业余时间都要用来学习和实习。我一开始是不知道小飞有女朋友的,因为他和我这样的单身人士一样,平时去学院上课、科研，业余时间会去运动、健身，我总在健身房碰见他。

元旦节前，也就是大家集中请年假出去的时候，我问了小飞的安排，才知道他要飞到加州见女朋友。他们在一起六年了，见过父母，也有了关于未来的安排：女朋友的硕士研究生很快就读完了，之后两个人会择定一个城市生活。

有一次，我路过小飞的房间，敲门进去想和他聊聊天，发现他很安静地在房间里看书。他的电脑开着视频，他的女朋友在画面里，也在聚精会神地做着什么。"赶deadline（赶在截止日期之前完成）呢，她那边都夜里两点了，正好有机会陪陪她。视频里看看也挺好，她最近都瘦了。"小飞随意地说道。"我去，这你都能看出来！"很显然我是个不解风情的局外人。小飞后来又说："可能只是一种感觉吧，真希望把手头的工作抓紧做好，请个假和她一起出去玩。"不过小飞还是等到大约可以安排行程的时候才和女朋友商量，为的就是不想让女朋友也像他一样催着自己做很多的事情。为另一半考虑得如此周到，还不提什么过分要求的人真的很少见了。

有多少人一旦陷在爱情里，便有心无心地想要过多地干预对方，或是忘记了一个人生活时该如何过得充实又有趣。不管爱情来不来，都要做一个内心有秩序、简单自持的人。正如聂鲁达所言："我喜欢的你是寂静的，仿佛你消失了一样。"

好像不是眼光高，也不是恋爱恐惧，更不是被伤得深，只是在等那个人。

对女生来说,有男朋友的意义

从一个女生的男朋友那里,可以看出什么。除
了能否有与这位女生来往的可能,她的方方面面都
体现在这张被唤作男朋友的名片里。

01

住我楼下的小鹏,谈个恋爱都悄无声息的。他和女
朋友在一起的时候,我们不知道。一次偶然的机会,在
公交站等车时,发现他和车上的一名女生招手。我看到
了小鹏,就随口问了一句:"这姑娘谁呀?""我女朋
友。""什么?你谈女朋友了,怎么大家都不知道,你这
不够仗义啊,脱单是好事。"小鹏有些面露难色,说道:
"我女朋友不让。"不过后来小鹏还是把他女朋友的照片

给我看了。至少从小鹏女朋友的朋友圈来看，她是一名热爱旅游、热爱运动、生活充实……还看不出有男朋友的女生。后来又发生了一些事情，我在一次校友徒步远行中，认识了小鹏的女朋友小颖。小颖起初并不认识我，她在新加坡也待了些年头，对各个地方都挺熟悉的。她笑起来的样子，有种特别自信和开朗的感觉。在我们行进的路途中，她甩着利索的马尾，和各路男生聊得火热。也可能是我想多了，也可能是我没有什么相似的恋爱经验，却总被推到一个恋爱导师的位置的副作用吧。我偷偷地问了师兄，问他小颖有没有男朋友。师兄的意思是，应该是没有，毕竟小颖挺开朗活泼的，话题聊得也多，但是没见她提起过，也没看她主动避讳什么。徒步远行结束的时候，我和小颖也互相加了微信。还是一样的朋友圈，一个精致的女生模样。

——没有深夜鸡汤，没有嘟嘴自拍。

——全都是旅行游记，全都是读书心得。

不过她可能不知道，男朋友，是女生行走在外的名片。后来啊，住我楼下的小鹏，分个手都是悄无声息的。

02

从一个女生的男朋友那里，可以看出什么。除了能否有与这位女生来往的可能，她的方方面面都体现在这张被唤作男朋友的名片里。

　　我见过一对看起来超级别扭的情侣。女生可能是微博微信时尚美妆号的忠实实践者，嘴巴上涂着号称"斩男色"色号的鲜红唇色，眼睛下缘一圈珠光画出来的人工卧蚕，大美瞳，波浪卷……用时尚圈的专有词汇来说就是"妆感太强"了。而她身边站着的，是我十分熟悉的朋友，同为理科男的阿辉。没有什么发型的阿辉，也没有什么衣着造型可言的阿辉，放到哪都可以当很优秀的临时演员路人甲的阿辉……隔着厚厚的眼镜片，阿辉冲我打招呼了。后来我问过阿辉："你女朋友是开直播的网红吗？"他说："不是。""那她兼职开网店吗？""不开。""她打扮得好时尚啊，浓浓的日系感，怎么不考虑往这方面发展呢？"阿辉思考了一阵说，他的女朋友特别热爱化妆打扮，他也托他在美国的朋友买了好多小众的时尚单品送给女朋友。阿辉说得很详尽，也很完备，看得出来阿辉很了解他的女朋友，他们的感情很好。可是，那种情侣间强烈的视觉落差，总还是能反映出什么的。这个想法在后来的一件事情上得到了验证。有一次，阿辉找我借药膏给他女朋友用，却一直没有还给我。按照疗程算，时间上早该痊愈了。按照用量算，药膏很大瓶，用三个月都用不完。可药膏就是人间蒸发了。后来，我从别人那里听说，阿辉女朋友的意思是我是医学院的博士生嘛，自己再搞一罐就好了。拜托，如果我那么容易搞到药，我何必从中国背了几十种常用药来，来卖钱、卖人情吗？这件事之后，我就觉得这是一位考虑自己多过其他人的女生，而且金钱观、价值观可能和阿辉也有些不一样。否则，她不会把自己打扮得这么精致，却不肯给自己男朋友一些些的改造。恋爱后一个男生的变化，可以很生动地说明很多问题。

03

有好女生吗？

有，很多。给男朋友起了一个众所周知外号的那个女生；在朋友圈分享与男朋友在一起的人生体验的那个女生；在聊天中毫不避讳对男朋友的夸奖或是小小抱怨的那个女生；在电梯里偶遇，手里提着饭盒，给程序员男朋友送饭的那个女生；就算是喝杯奶茶，也会把自拍镜头靠得特别近，用一只手捏远处男朋友的头做效果的女生。我真心觉得，这样的女生是非常可爱的。

永远不要为了秀恩爱而做点什么，秀恩爱的第一个字就奠定了这个行为的基调。爱本来就会跟着心走，而你是否可爱，有不少于一百种方式被别人看到。可能有的朋友会说：没有男朋友，那岂不是连名片都没有了？我想说：名片从来都不是必需品，懂得欣赏自己最重要。

你担心自己会永远单身下去吗

有些人，看着处在亲密关系中，其实可能用单身的心过一辈子。而有的人，虽然是单身，但是随时都在感受世界，也随时准备着接受新的事物。

01

23 周岁生日，我不禁又思考起这个问题：你担心自己会永远单身下去吗？

因为家里人在家庭群里发红包的时候，红包的标题是：早日脱单。

我担心自己会永远单身，说不担心那是骗人的。四月的一天夜里，我感觉自己发烧了，找出了一根温度计量体温。38℃，吃药吧，从柜子里找到药吃了，强撑着打了盆水，拧了条毛巾盖在头上。设了几个闹钟，每半小时起来换一次毛巾，顺便测体温。快到早上的时候，好得差不多了。然后自己热了一罐八宝粥，边喝边想：要是有一天我躺在床上动弹不得，我该打给谁呢？

远在异国他乡，我完全无法说服自己打给哪一个朋友。这表明了 22 岁的我面临的最大问题：没有朋友。而这也带来了一个更大的问题：没有女朋友。

02

以前我是不担心单身这件事的。毕竟人生需要担心的事情太多了，找对象、结婚、生孩子、生了孩子会不会被送到不靠谱的幼儿园……谢天谢地，我有个亲哥哥，他承担了我父母抚养孩子的所有弯路。所以摊在我身上的父母关怀，不带有什么压力。我的学校和专业、个人生活等等都比较自由。

我的父母不问什么，可是我的姑姑格外好奇，总是趁着没有别人的时候问我："你告诉我，在大学里到底有没有女生追你？"我不假思索地说："没有，大学里没有多少追求男生的女生，她们大多数只会给你下一个暗示——我喜欢你，请来追我。"姑姑她是觉得，大学时候的感情显得更加纯粹又弥足珍贵。那个时候的我们还有机会去试错，去磨合，去找你喜欢的类型。可能等到毕了业，进入到社会，开始了工作。婚否，有无房产，外貌年龄等等都是婚恋市场上的一个个价码，感情就变得不那么纯粹了。而我却觉得恋爱从来都不是可以计划的，为了排遣寂寞，以及传宗接代去恋爱，甚至彼此连足够的了解都没有，就因为别人的撮合而盲目地在一起，那也太违背人的高层精神需求了。

一个人的感情观可以分为两个部分：第一部分，在单身时如何期待感情；第二部分，在脱单后如何维护感情。

03

在单身时如何期待感情？

期待一份感情，两个人对彼此有了解，但还是有神秘和未知的地带。就像某天下午，他穿了一件大衣，轻轻推开门，轻得连风铃的声音都隐隐约约。期待感情的方式，肯定不是像许愿池的少女一般虔诚即可，而是需要不断让自己成长。

很久很久以前，我读过一篇文章，名字叫《没有伞的孩子，必须努力奔跑》。就像你的家人朋友对你说，没有谈恋爱的你，必须抓紧时间找对象一样。没有伞的人，下了雨可以选择在一个地方停留一会儿躲雨，或者攒钱买把伞啊。让自己不断成长的过程其实就是攒钱买把伞的过程。这把伞能遮蔽几个人，能不能扛住风雨，都是你自己决定的。

其实父母朋友亲人催促你脱单，不单单是为了让你找到一个对象。还有很大一部分原因是想让你的生活有乐趣、有保障，可以活得开心一点。如果你的生活有条不紊，你的世界丰富多彩，那就让他们说去吧。

04

在脱单后如何维护感情？

我想每个人都会在感情中运营自己的形象。这份形象，最好是真实的自己加上一些美好的转变。那么，你可以在这段感情里，捎带着完成自己的转变。

我有一个同学，找了个吃货女朋友，他追求这个女生的时候表明自己是个爱做饭的人。其实在那之前，他只是会做饭，但是懒得买菜和刷锅，所以从来没有动过手。自从他们两个在一起之后，他就经常下厨，厨艺与日俱增。好的厨艺后来就成了他优点的一部分，成为他人生一笔宝贵的财富。同时，在一段感情中，你最好可以改变一些消极的、不好的观点。有时候你是大男子主义的，不过这不代表你会永远带着这种思想去送礼物、过节。你总标榜自己耿直，偶尔也可以尝试着说一些柔软的话。好多关系终止于"反正我都已经这样了，不行就曲终人散吧"这样的想法里。你怎么就这样了，你是设定好模式的机器人吗？现在机器人都会人工智能了，好吗？这话是说给以前的自己听的。

　　写到这里，我突然觉得没那么担心了。担心自己会永远单身下去，就像担心自己会永远无法成为人生赢家一样，想得太深入就容易钻牛角尖了。有些人，看着处在亲密关系中，其实可能用单身的心过一辈子。而我，是一个随时都在感受世界的人，也随时准备接受新的事物。

我想和你环游世界，也想和你宅一辈子

如果有你陪伴，在夏天的空调房里，用勺子挖着冰西瓜，就抵得过北欧风情了。

01

曾经有一个朋友和我说，他有三件很想做的事情。

第一件事，找到一个人。

第二件事，和这个人流浪到北欧。

第三件事，在芬兰的冰天雪地里死掉。

我觉得他的想法很炫酷。毕竟，很难有一件事情，能比和一个喜欢的人流浪到北欧并最终以自己喜欢的方式结束生命还要吸引人的了。但渐渐地我发现，这之中有一些问题。如果那个人，不喜欢流浪，只喜欢宅在家里看日剧怎么办？如果那个人，不喜欢去北欧，而是想去韩国吃一辈子泡菜怎么办？

02

我认识一个人，小叶，他是一个坚信缘分的少年。他喜欢攀岩，立志要找到一个风一般的女子，可以和他一起攀上各地的悬崖峭壁。我和他说，在攀岩爱好者中找女朋友，和被陨石撞击并奇妙地被外星人抓走的概率接近。他摇摇头，坚信他会遇见的。后来，有一天，他在朋友圈发了一条状态，并且在文字里艾特了一个人，我才意识到他可能谈恋爱了。作为一个资深的八卦人士，我赶紧打电话问他。

"小叶，真谈恋爱了？"我满是疑惑地问。

"你的嗅觉也太敏锐了吧！我今天才表白的，成功了。"

"对方不会是男的吧？"我打趣地说道。

"别开我玩笑啦。"他说。

"那她也喜欢攀岩？"我问。

他沉默了一两秒，然后一字一顿地说："我，女，友，她，恐，高。"

电话这头响起了我杠铃一般的笑声。我忍不住问他：

"你不是坚定地要找一个陪你攀岩的女生吗？这落差也太大了吧。""可是，当她成为我的女朋友的时候，她就比攀岩重要了。"

喜欢一个人，其实大概就是这么一回事。最开始，总是有着无数的条条框框，设想有一个人可以完美地契合这些标准。仿佛有一个完美的安检仪，在以后每一场恋爱之前，都让这个人先过一下安检。但喜欢一个人，大概就是愿意为她放弃这些条条框框，突然一下子觉得，这些要求都是无关紧要的。

03

我和一个女生聊天，她告诉我，在和她男朋友谈恋爱之前，她规划了和未来男朋友谈恋爱之后一定要去的餐厅，一定要吃的几顿海鲜大餐，结果万万没想到的是，她男朋友对海鲜过敏。"难道谈恋爱之前，要先要调查一下对方是不是海鲜过敏？"她摊了摊手，自嘲地说，"其实也都还好，把肉蟹煲换成肉排煲，不就可以了？"当她这样说的时候，我会情不自禁地发笑，笑感情真的是会让人改变的。她以前是一个宣称"相同的胃口是爱情的精髓"的元气少女，每发现一个好吃的都会迫不及待地去尝试。但就是愿意为她的男朋友改变了。仿佛感情这件柔软的衫，会让一个少女变得无比勇敢，坚信前方没有什么能够阻挡她，突然拥有了无比强大的力量。这让我不禁想到了三毛和荷西那段很经典的对话：

　　荷西：你是不是一定要嫁个有钱人。

　　三毛：如果我不爱他，他是百万富翁我也不嫁，如果我爱他，他是千万富翁我也嫁。

　　荷西：说来说去你还是要嫁有钱人。

　　三毛：也有例外的时候。

　　荷西：如果跟我呢？

　　三毛：那只要吃得饱的钱。

　　荷西思索了一下：你吃得多吗？

　　三毛十分小心地回答：不多，不多，以后还可以少吃点。

　　"不多，不多，以后还可以少吃点。"我想，说这段话的时候，三毛已肯定是很喜欢荷西的了。所以你看啊，我喜欢和你去北欧流浪，但更喜欢你呀。如果有你陪伴，在夏天空调房里，用勺子挖着冰西瓜，就抵得过北欧风情了。

离开是种什么样的体验

离开的体验就是，我更加清楚，不论悲喜，生活的进程都会随着时间，不以任何人的意志为转移地走下去。无法逆转，无能为力。

01

离开，有的人知道还会见到，也会保持联系。而有的人只能靠回忆，把过去一点点地拼凑起来了。

爷爷今天上午去世了，姑姑和妈妈先后给我打了越洋电话。姑姑在电话里哭得不成样子，我当时脑子一片空白，来不及做出任何反应。姑姑刚挂电话，我马上就接到妈妈打来的电话，她的语气也在绷不住的边缘，她执意不让我回去。挂了妈妈的电话，我好像才突然有了意识，我崩溃大哭。没有想到我去机场前，爷爷叮嘱我在新加坡要吃好喝好，竟然成了他对我说的最后一句话。

爷爷年轻的时候是个美男子，一米八多，修长的身材，英气的面容。就单单身高这一点，我就应了"隔代遗传"这句话，高三那年我就和爷爷当年一般高了。

据说当初爷爷也是不顾世俗的眼光娶了奶奶，奶奶是当地知名的木匠世家的长女。爷爷除了外表的优势，还是非农村户口（奶奶一辈子都在用城里人揶揄爷爷）。我的父亲和爷爷完全是两种不同类型的人，父亲侃侃而谈、活泼热情，和路边的木工瓦工都能扯上几句，而爷爷却从不爱笑，总爱讲道理，可能是因为支书做久了，老是给人一种古板严肃的感觉，但是他其实是一个挺和善、挺慈祥的人。

离开家乡后，我开始重复想起家里那些人送给我的只言片语。第一次离开家乡时，我想着我终于可以走了。我不想留在家乡，也不想去大多数朋友都会去的南京。我想一切重新开始，去一个没有过去的地方，去一个没有人约束我的地方，在那里吃饭的时候可以抖腿，不想吃的菜也可以挑出来。离开家去南开的时候，奶奶给我塞钱，爷爷则在旁边耳提面命：慎初、慎独、慎微。我一开始不太懂为什么爷爷要搬出教育基层党员的那一套。

但是后来想想，我有时候连一日一省吾身都做不到，又怎么坚持得了三慎呢。

我很小很小的时候听爷爷提过南开，他去过很多地方，知道我的校区在八里台。我记得新闻联播有一次做大学校训专题，第一期就是南开的校训——允公允能、日新月异。外公和爷爷一个在七点半新闻结束时，一个在正播当时就打了电话给我。虽然我大多数时候都是打电话给爸妈，让他们转述我对祖父母的问候。但是他们还是总想着那个短暂离开家的我。节日的时候，我给爷爷奶奶打电话，当他们知道是我的时候，第一句永远是："什么时候回家啊？"第二句永远都是："吃穿还好吗，有钱用吗？"。这样听来，至少他们是放心我在外的成绩的吧，或是相信我对自己的未来是有分寸的，不需要太过操心。

离开的人，往昔对我及关于我的事情的评价，也都一并带走了。关于某些日子的记忆，随着我的长大，都没曾和我的爷爷提起过一次。我现在还记得爷爷接送我和哥哥上学的那段日子。我上幼儿园时，哥哥上小学，每次爷爷都要先接到我，然后去接我哥。因此我哥总要等好大一会儿，后来他索性放学就先走到我的幼儿园门口。通常爷爷会给我和哥哥买吃的，我的那份总是吃了两口，就觉得不好吃了，要和我哥换，爷爷在一旁劝我哥，终归是换了。不过有时候我太过分，爷爷都不用瞪我，开始和我讲道理时，我就知道该怎么做了。其中有几年叛逆的时期，我把走读生的日子过成了住校。关于爷爷的记忆，已经不甚清晰了，这也是我想第一时间把这种离开记录下来的缘由，我不想有一天回忆起爷爷，关于他的记忆是模糊的。

02

曾以为会永远离开，在认清未曾离开后，会倍觉珍惜。

高中的时候，爷爷出了很严重的车祸，在重症监护室住了好多天，终归捡回一条命。很幸运的是，爷爷又多陪了我们几年。那天晚自习上课的时候我被叫去医院，看到爷爷被各种医疗仪器包围，浑身的血迹，竟然晕了过去。可是我清楚地知道，不管是以前还是以后，我都不是会晕血的人。

卧病两年后，他从一个喷古龙水、梳油头、西装笔挺地出门的中老年翘楚，变成了穿着运动衫、大裤衩下棋、遛鸟的老大爷了，对于这种反差极大的状态，我不知是喜是忧。印象里父亲和爷爷时常有争吵，两个人都是强势的人，所以经常谁也不让谁。但是自从爷爷出车祸后，父亲就担起了家里所有的事情，这也算是造化带来的一种结果吧。正当年的爷爷，突然成了一位可爱的老头。放长假回家的时候，我和他一起逛步行街，买年轻人爱喝的奶茶给他尝。有一次做社会实践，他还帮我从社区找了一帮人撑场子。还有在菜市场遇到一位打招呼的阿姨，我和爷爷一起路过之后，他悄悄地和我说："她，当初就是被你奶奶比下去的，不过她还是很有眼光的。"虽然慢慢地，他开始健忘，也总听不清别人说的话，但是我反而觉得这样的爷爷像老顽童一样，越来越可爱。

03

去年六月下旬，我回家时，爷爷的饮食作息尚且正常，行动自如，语言利索。不过他似乎也有感觉，平时疼的时候也不多说。化疗也积极配合，月初我还收到爸妈给他拍的吃饭的照片。几天前他出院了，妈妈说今天早晨爷爷吃早饭时还是正常的，上午突然不对劲，送到医院时，已经走了，不过好在爷爷没有受太多的苦。

去年五一的时候，爷爷确诊患了中晚期食道癌，从那时候起我就预想了无数种离开的情形。我焦虑过，想着什么时候博士才能读完，什么时候我才能实现自己的理想，让爷爷看到他的小孙子不仅成材，更是成人了。

——爷爷，你看在网上有十多万的人关注了我，我在网上回答大家的一些问题。

——是不是像追星一样的那种，都是小姑娘？

——大约是的，不过我们都像朋友一样。（我猜得到爷爷下一句会是什么）有合适的我会带给你看的。

——有人关注你，不代表你有真本事，你还是要脚踏实地的。

——爷爷你说的，我都明白。

去年六月我在家的那几天，爷爷和往常一样，坐在楼下的院子中，挥着蒲扇，或给月季和栀子花浇水，又或是和其他人一起打牌下棋。就算知道爷爷病情的我，看着爷爷的这种生活状态也觉得爷爷离开对我来说是很远很远的一件事。返回新加坡这样的日子可以再长一点，再长一点。离开的体验就是：我更加清楚，不论悲喜，生活的进程都会随着时间，不以任何人的意志为转移地走下去。重的像逆转不回的海啸和雪崩，轻的像一瓣凋落的栀子花。